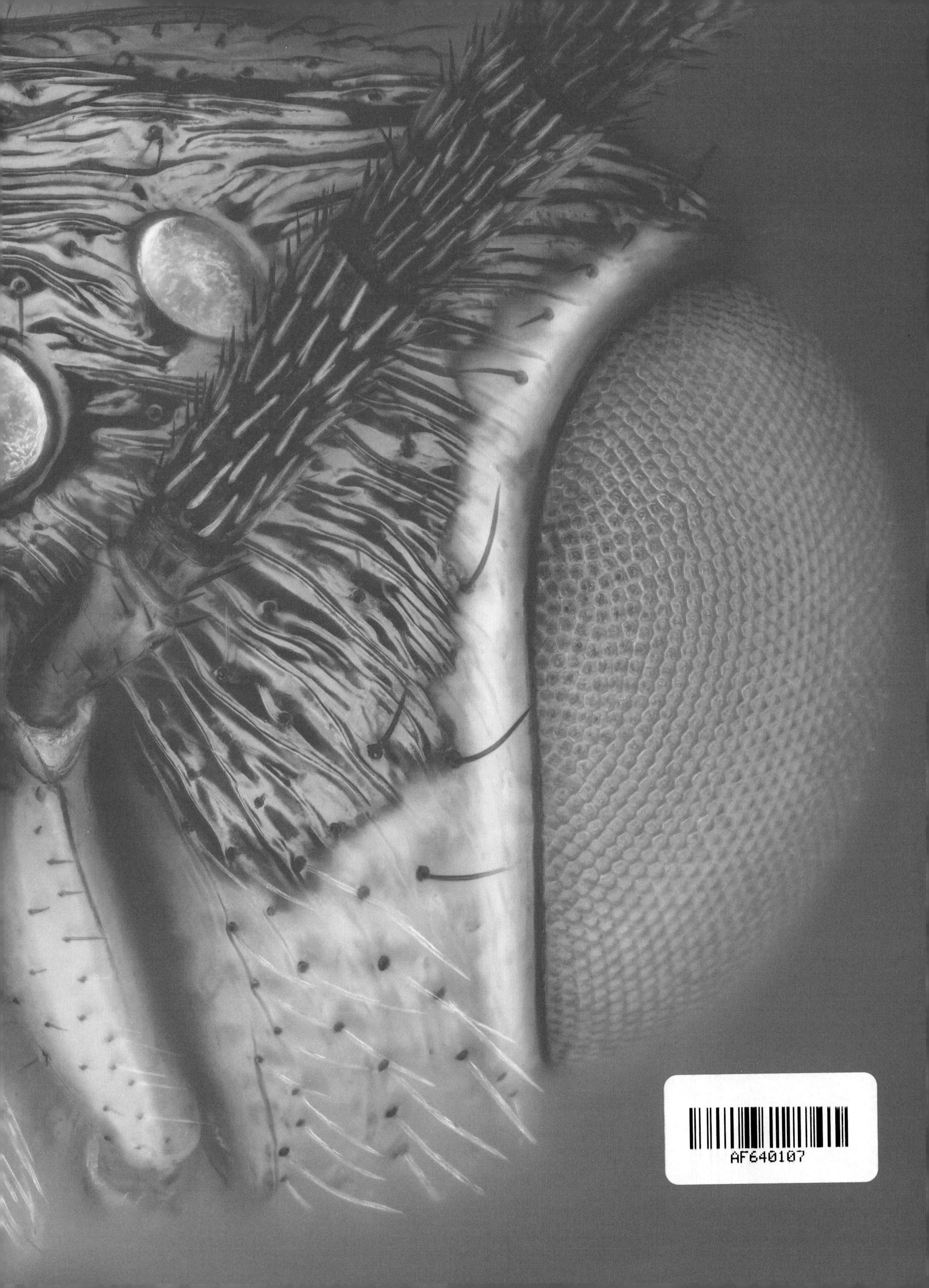

Thorben Danke Dominik Eulberg Thomas Hörren

Von Angesicht zu Angesicht

Auf Augenhöhe mit heimischen Insekten

„Je klarer wir unsere Aufmerksamkeit auf die Wunder und die Realitäten des uns umgebenden Universums richten können, desto weniger Zerstörungslust werden wir empfinden."

— *Rachel Carson, Pionierin der Umweltbewegung*

① Alles ist eine Frage der Perspektive. Betrachtet man den Schwarzfleckigen Zangenbock (*Rhagium mordax*) auf dem Buchcover aus einem anderen Blickwinkel, bei dem die Fühler die Augen nicht mehr teilweise verdecken, interpretiert man seinen Gesichtsausdruck plötzlich nicht mehr nach menschlicher Färbung als „grimmig" oder „böse", sondern weckt eher freudige und empathische Gefühle.

①

KOSMOS

Inhalt

Einleitung

Wir töten Insekten mit Giften, zerhäckseln ihren Nachwuchs und ihre Heimat, zerschmettern sie martialisch mit der Tageszeitung am Frühstückstisch, finden sie gar eklig und abstoßend. Um diesen Missstand mehr ins rechte Licht zu rücken, zeigen wir in diesem Buch Porträts von heimischen Insekten, abgelichtet auf Augenhöhe, von Angesicht zu Angesicht mit einem anderen Individuum. Bei dem Anblick der Bilder korrigiert sich unsere „verrückte“ Blickweise, denn wir schauen plötzlich anmutige und ungeheuer prachtvolle Wesen an. Wir sehen Details, Farben, Formen und Strukturen, die mit bloßem Auge nicht zu erkennen sind. Vorheriger Ekel und Abstoßung weichen einem kindlichen Staunen, dem so wichtigen emotionalen Anfang einer jeglichen Erkenntnis. Eine bisher verborgene Schatzkammer mit strahlenden Juwelen tut sich vor uns auf. Ein innerer Schalter legt sich durch diesen veränderten Blickwinkel in uns um: Wir verstehen wieder mehr, wer wir sind, dass wir alle eins sind, eine Natur, mit einem gemeinsamen Ursprung. Wir fangen wieder an zu begreifen, dass alles, was gegen die Natur geht, im Endeffekt auch gegen uns Menschen geht. Jedes Lebewesen hat seinen Sinn und seine Berechtigung in diesem hochkomplexen Netzwerk der Biosphäre. Menschliche Definitionen von Schädlingen oder Nützlingen sind keine Währung der Evolution. Möge dieses funkelnde Plädoyer für die Schönheit der Insekten möglichst viele Herzen öffnen, denn wir schützen nur das, was wir schätzen.

Um sich dieser Mission zu stellen, haben sich drei Personen aus völlig unterschiedlichen Bereichen zusammengetan, die die Faszination für die verborgene Welt der Insekten verbindet. Nukleus dieser Allianz ist der Makrofotograf Thorben Danke mit seinen preisgekrönten Fotografien, die er mit einer ausgeklügelten Technik erstellt. Den wissenschaftlichen Rahmen steckt der renommierte Insektenforscher Thomas Hörren ab, der als Mitautor der „Krefelder Studie“ weltweit Debatten um das Artensterben auslöste. Er forscht international zum Verlust von biologischer Vielfalt und den vielfältigen Schwierigkeiten, die wir ganzen Lebensräumen bereiten. Zusammengekittet wird das Konglomerat aus Wissen und Bildkunst von dem transdisziplinär arbeitenden Künstler, Autor und Wissensvermittler Dominik Eulberg, der als international agierender Musiker die ihm gebotenen Bühnen nutzt, um lustvoll für die heimische Biodiversität zu sensibilisieren.
Den Autoren war es ein tiefes Anliegen, ein Buch zu erschaffen, welches nicht das hundertste Insektenbuch auf dem Markt ist, sondern etwas Künstlerisches, Avantgardistisches, das die überwältigende Schönheit der Künstlerin Natur bestmöglich transportiert. Mit dem vielfach ausgezeichneten Grafikdesigner Götz Gramlich, Mitglied der hoch renommierten Alliance Graphique Internationale, konnte dafür der gebührende Partner gefunden werden. Den Schmuckstücken der heimischen Insektenwelt bietet er zusammen mit dem versierten Kommunikationsdesigner Joshua Kaiss hier eine würdige Bühne.

→ Die Formen- und Farbenvielfalt der heimischen Insektenwelt ist überwältigend. Nebeneinander betrachtet, wird uns ihre Mannigfaltigkeit bewusst. Die einzelnen Artnamen dieser Zusammenstellung finden sich am Ende des Buches.

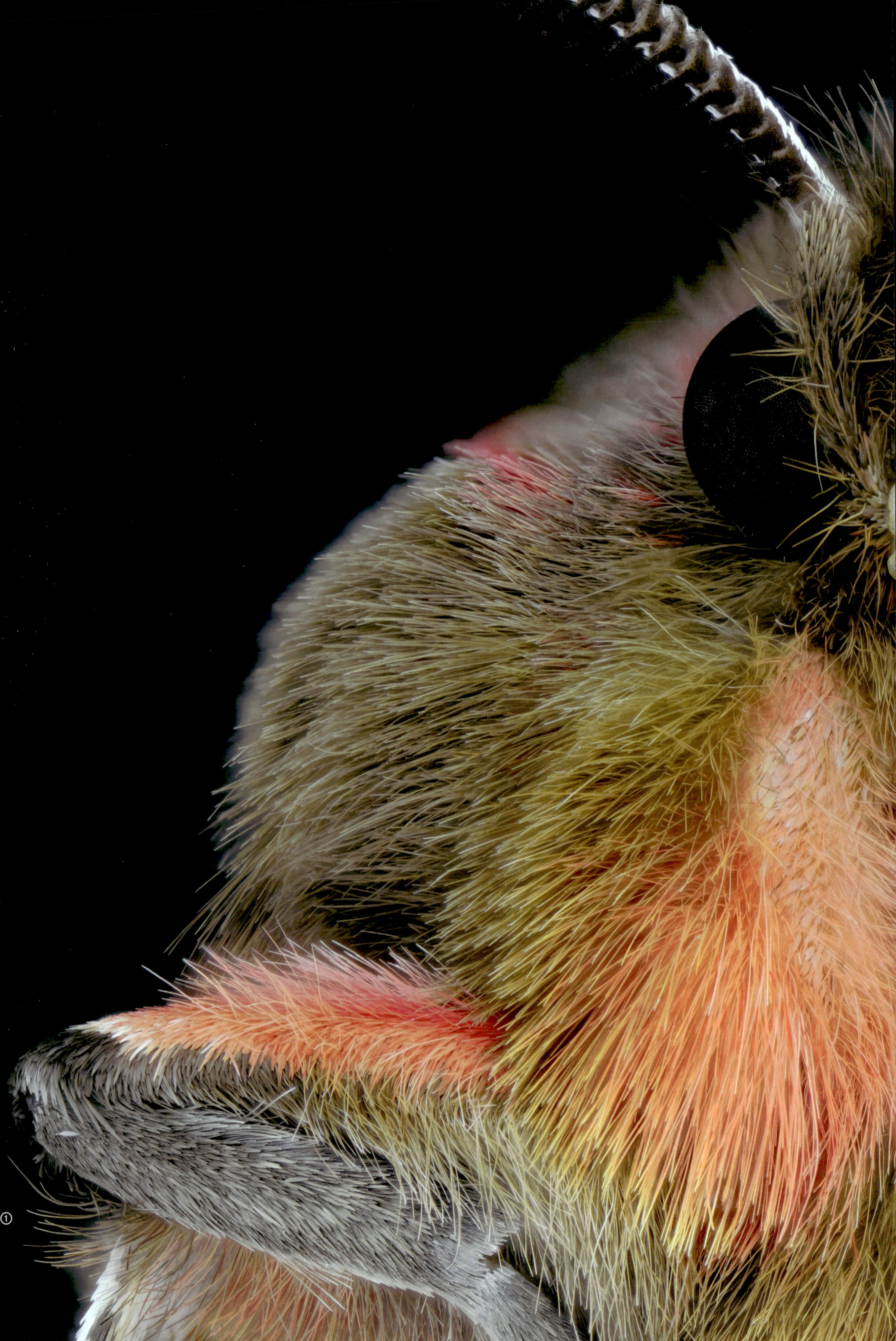

①

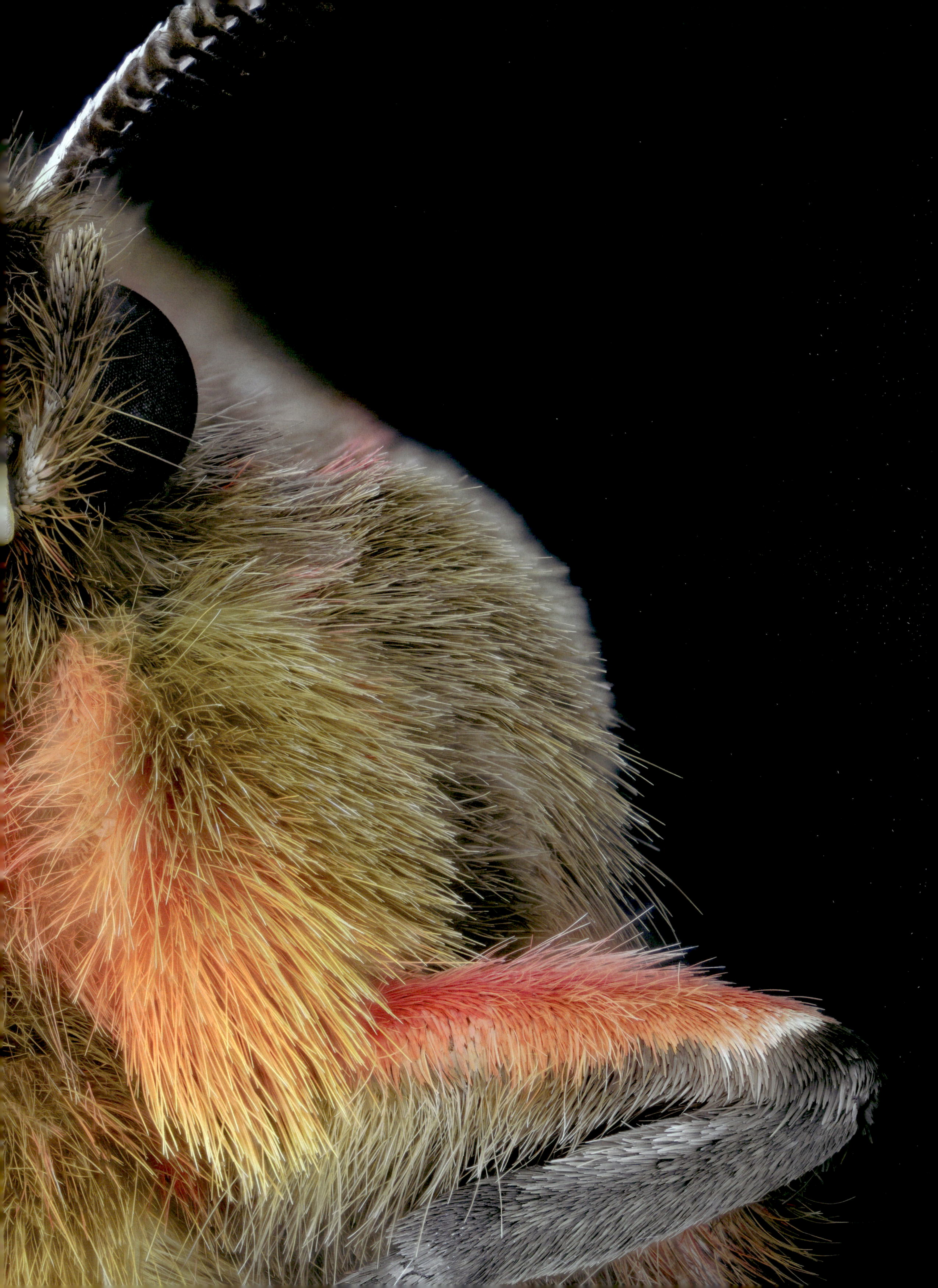

Gastkommentare

Prof. Dr. Antje Boetius
Meeresbiologin, Professorin der Universität Bremen und Leiterin des Alfred-Wegener-Instituts in Bremerhaven

Es war eine laue Sommernacht beim Silbersalz Science & Media Festival in Halle, als wir zu den Techno-Beats von Dominik Eulberg tanzten, untermalt von riesigen Insektenbildern von Thorben Danke. Techno-Musik passt sehr gut zu Insekten. Hundert- bis Tausendfach vergrößert wirken sie wie Lebewesen aus der Zukunft, ein wilder Mix aus Science Fiction, Industriedesign und schrillster Artfashion. Sie sehen gar nicht niedlich aus mit Borsten, Stacheln, Mundwerkzeugen und dem Exoskelett. Ihre Farbpalette ist grell, sie reflektiert, schimmert, strahlt, leuchtet, oft metallisch – da verblasst alles andere Leben daneben. Oder sie kommen im perfekten Schwarz, das alles Licht schlucken kann – eine überlebenswichtige Anpassung. Dominik und Thorben haben zusammen mit dem Insektenforscher Thomas Hörren dieses wundervolle Buch gestaltet. Es feiert unsere geflügelte, kriechende, pieksende Mitwelt. Es beleuchtet die heimische Vielfalt von Insekten, ihre Rolle in der Natur und für uns alle. Es weckt Neugierde und Entdeckungslust, Staunen und Rätseln, und es aktiviert, hinauszulaufen und selbst unter dem nächsten Stein nachzuschauen, was dort lebt. Ein Rätsel muss ich als Tiefseeforscherin anfügen: Insekten leben nicht im Ozean. Warum nicht, ist immer noch ungeklärt. Denn für Seen und Flüsse haben sie Lösungen gefunden. Insekten haben sich entwickelt, als Pflanzen das Land besiedelten, vor mehreren Hundert Millionen Jahren. Damals schwammen schon Haie im Meer, und ihre nächsten Verwandten, die Krebstiere, waren schon überall. Insekten sind also eine recht neue Erfindung der Natur. Ausgeschlossen vom Ozean wie wir, teilen sie sich mit uns nur 10 % des belebten Raumes der Erde. Daher sollten wir unbedingt einen Weg finden, mit ihnen im Guten zusammenzuleben, auch davon erzählt das Buch.

Prof. Dr. Johannes Christian Vogel
Botaniker und Generaldirektor des Museums für Naturkunde Berlin

Schönheit, Mannigfaltigkeit, Einfluss. Das sind drei Merkmale, die wir als Menschen mit Insekten assoziieren müssten – diesen kleinen, hochkomplexen, manchmal lästigen Wesen.
Schönheit sticht einem ins Auge, wenn man dieses Buch aufschlägt. Jedes Bild zeugt von der (Ehr-)Furcht der Fotografen. Jedes Bild dokumentiert, wie ästhetisch und bereichernd Insekten sind.
Noch immer wissen wir wenig über die Vielfalt des Lebens auf dieser Erde, zu der auch wir als Menschen zählen. Gleichwohl wissen wir, dass 50 Prozent aller Lebewesen Insekten sind – und das noch viele Arten darauf warten, entdeckt zu werden. Insekten gestalten die Welt. Sie sorgen in ihrer Mannigfaltigkeit für dich und mich, zum Beispiel in dem sie Obstbäume bestäuben oder als Larven Hundekot zersetzten!
Dann bliebe noch der Einfluss. Insekten sorgen dafür, dass wir Obst und Gemüse, Feigen und Schokolade essen können. Nichts, was wir aus unserem Leben missen wollen. Doch ihr Einfluss besteht vor allem darin, dass sie die Welt gestalten, Krankheit wie Gesundheit, Hungersnot wie Nahrung im Überfluss.
Genießen Sie die Einblicke in das Leben unserer Wegbegleiter und Weggestalter, die das Buch uns anbietet.

① Brauner Bär (*Arctia caja*). Ein Nachtfalter aus der Unterfamilie der Bärenspinner. Seine Raupen sind stark behaart und somit ungenießbar für viele Fressfeinde.
② Hinterflügel einer Bernstein-Waldschabe (*Ectobius vittiventris*)

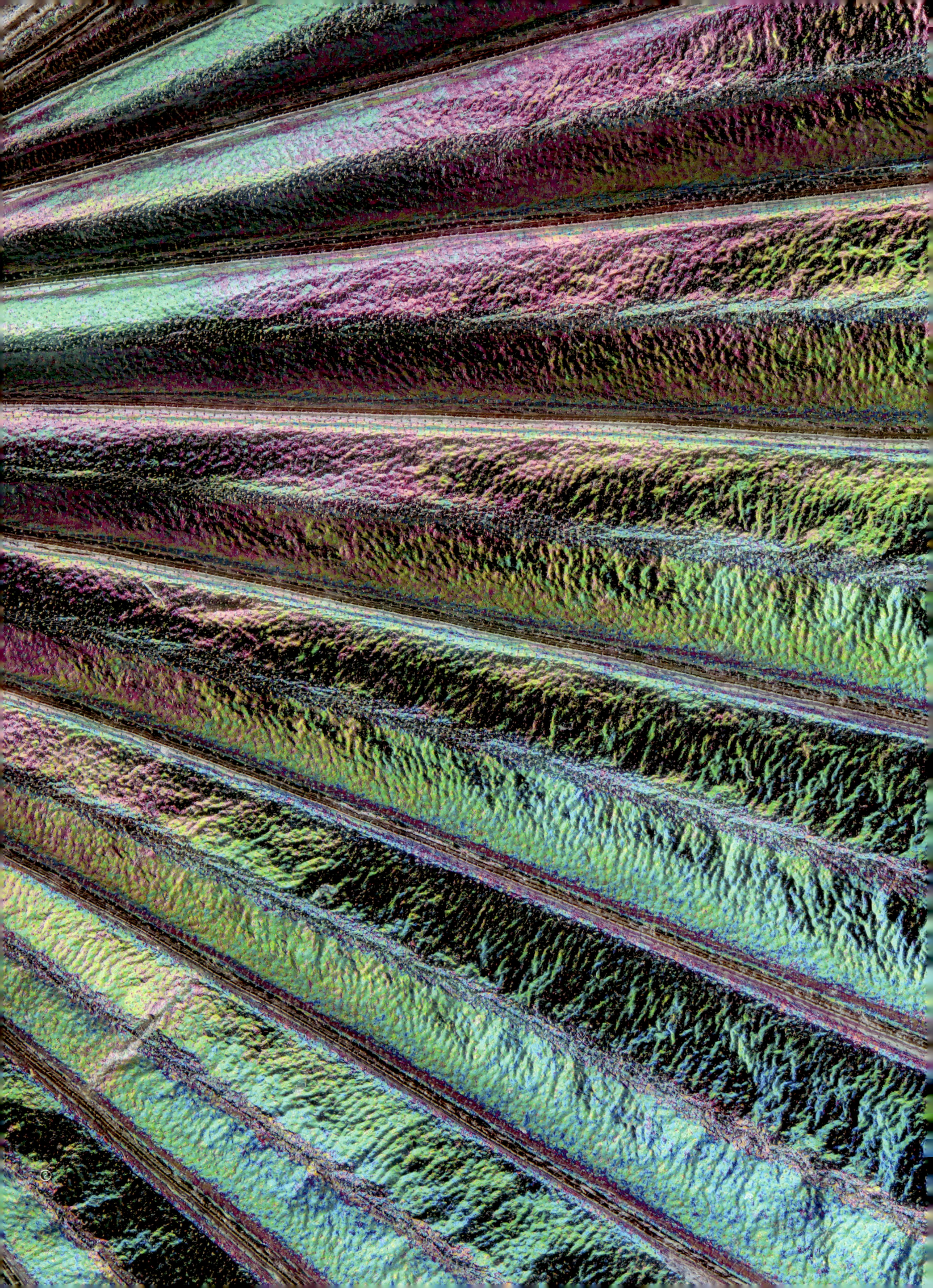
2

Nahrungsquellen heimischer Insektenarten:

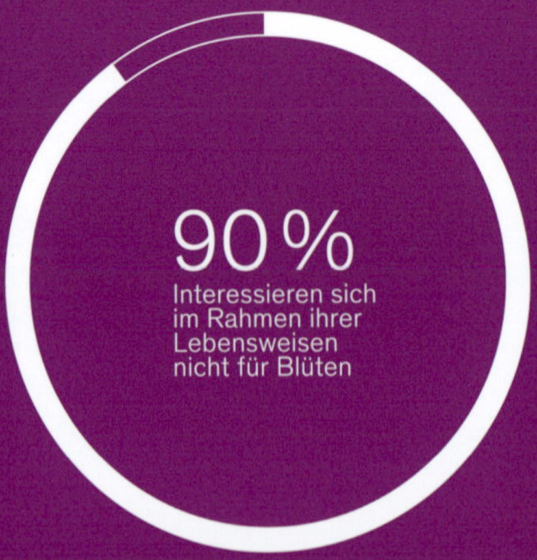

Weltweit beschriebene Tierarten:

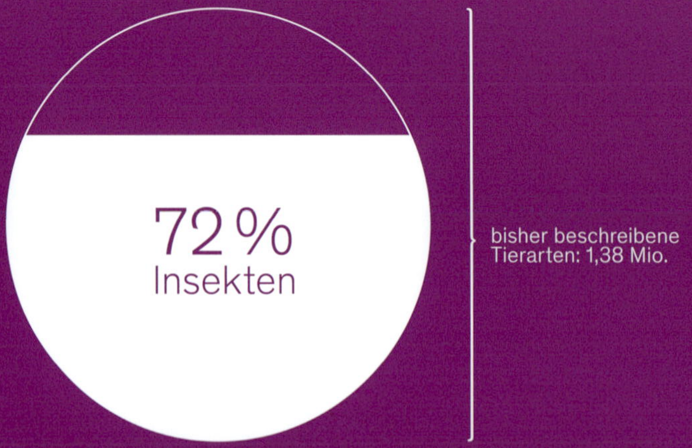

Anzahl unterschiedlicher Insektenarten weltweit:

Individuenzahl der Insekten:

10.000.000.000.000.000.000

oder:

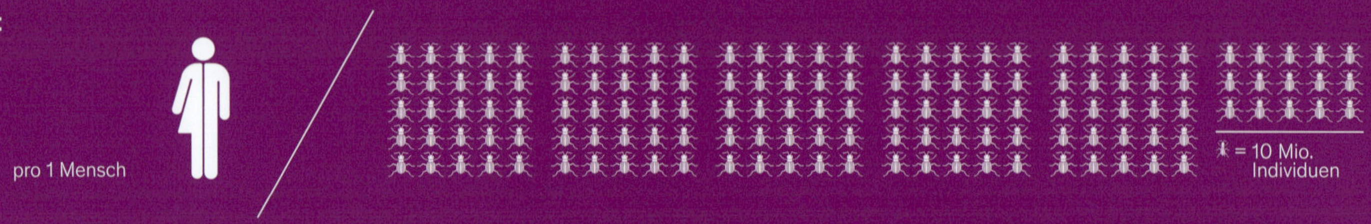

Zeitliche Einordnung der Existenz von Insekten auf der Erde:

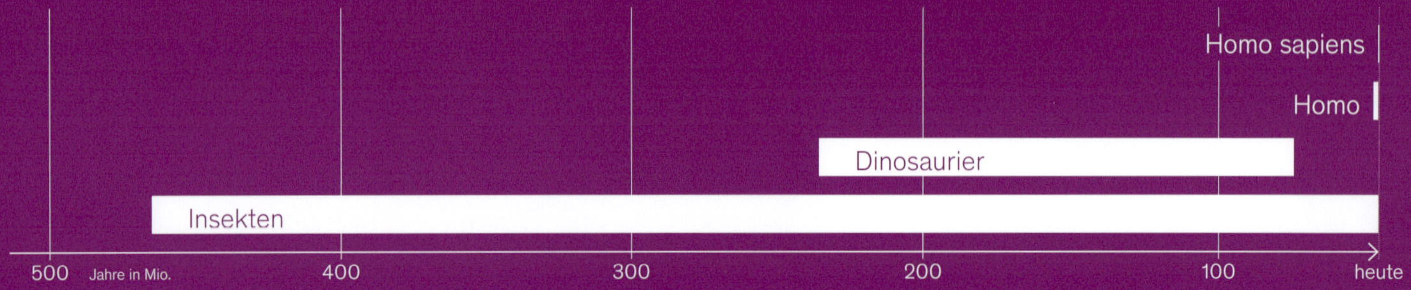

Von der Anzahl der Individuen und Arten

Es werden immer weniger und dennoch sind es unvorstellbar viele

Insekten gibt es seit über 400 Millionen Jahren auf unserem Planeten. Sie waren die ersten Lebewesen, die den Luftraum erschlossen und fast jede erdenkliche ökologische Nische besiedelt haben, sei es in den Wüsten, den Hochgebirgen, auf den Oberflächen und Säumen der Ozeane oder wahre Spezialisten in der Antarktis. Man schätzt, dass allein die Biomasse aller Ameisen auf der Erde größer ist als die aller Menschen zusammen. Zudem sind mehr als 72 Prozent aller beschriebenen Tierarten Insekten. Die Anzahl der Insektenarten ändert sich ständig, einige Arten sterben aus, andere werden neu entdeckt; erstes oft schneller als letzteres. Bisher sind rund eine Million Arten beschrieben. Doch viele Arten sind noch gar nicht erforscht, man nennt sie die „Dark Taxa". Schätzungen gehen von 3–5,5 Millionen verschiedenen Insektenarten auf unserem Planeten aus. In Deutschland sind momentan rund 34.000 Insektenarten bekannt. Diese sind meist erst auf den zweiten Blick erkennbar: Etwa 80 % aller heimischen Insektenarten sind im Durchschnitt kleiner als 4 mm.

Die Individuenzahl kann man nicht wirklich seriös schätzen. Eine unerlaubte, ganz grobe Schätzung aller Insekten weltweit beläuft sich jedoch auf etwa 10 Trillionen Tiere. Das ist eine gewaltige Zahl mit 19 Nullen. Das bedeutet, dass auf einen Menschen etwa 1,4 Milliarden Insektenindividuen kommen. Wir leben also auf einem Planeten der Insekten. Sie sind fleißige Dienstleister in unserem Ökosystem. Ohne sie würde es nicht funktionieren. Sie bereiten uns den Boden auf, sind unsere Müllabfuhr. 80 Prozent der europäischen Blütenpflanzen können sich nur fortpflanzen, wenn sie von Insekten bestäubt werden. Sie sind eine Art Lebensversicherung für uns, wir sollten ihnen unendlich dankbar sein. Was jedoch der Asteroid für die Dinosaurier war, sind wir Menschen für die Insekten. Jahr für Jahr nimmt ihre Biomasse ab.

Doch auch als Nahrungsquelle für andere Lebewesen sind sie unverzichtbar. Spinnen fressen alleine jedes Jahr zwischen 400–800 Millionen Tonnen Insekten. Das ist vergleichbar mit der Menge, die die menschliche Weltbevölkerung an Fisch und Fleisch verzehrt. Vögel fressen nach Schätzungen 400–500 Millionen Tonnen Insekten pro Jahr. Die meisten Insekten werden jedoch von Insekten selbst gefressen. Ohne Insekten würden also auch die Nahrungsketten kollabieren.

In der Geschichte der Menschenaffen der Gattung *Homo*, die im Gegensatz zu den 400 Millionen Jahren der Insekten erst rund 2,8 Millionen Jahre alt ist, haben Insekten ebenfalls stets eine wichtige Rolle gespielt. Wir finden sie in zahlreichen Kulturen, auch im Kontext mit Religionen, Schamanismus oder anderen kulturellen Aspekten. Bei uns wird ihnen kulturell bedingt hauptsächlich Negatives und Schädliches zugeschrieben. Dennoch spielen sie auch heute noch in 80 % der Länder der Erde eine Rolle in der Ernährung der lokalen Bevölkerung. Der Verzehr von Insekten wird auch als „Entomophagie" bezeichnet. Auch in Mitteleuropa spielten sie als Nahrungsmittel bis zum Beginn des 20. Jahrhunderts eine Rolle. So finden sich in Kochbüchern aus dieser Zeit zahlreiche Insekten-Rezepte, wie beispielsweise kandierte Maikäfer oder Maikäferbouillon. Erst mit der Bewältigung von Krisenzeiten nach kriegerischen Auseinandersetzungen, in denen die Lebensmittelversorgung hierzulande nicht gesichert war, entwickelte sich ein Nahrungstabu für die oft lediglich als „schädlich" angesehenen Insekten. Nur Imkereiprodukte, allen voran der Honig, sind heute in Mitteleuropa kulturell fest als etwas Positives verankert. Für uns sind Insekten heute nicht nur zu faszinierenden Beobachtungsobjekten für alle Umweltinteressierten geworden, sondern wir nutzen Insekten als artenreichste Organismengruppe in unserem selbst konstruierten Wissenssystem wiederum als wertvolle Indikatoren, um die Natur besser verstehen und erhalten zu können.

In diesem Buch möchten wir uns jedoch nur den heimischen Arten widmen, die zum Erkunden vor der Haustür anregen sollen. Denn wie Goethe schon so treffend formulierte: „Man sieht nur, was man weiß". Auch direkt vor unserer Haustür gibt es regelrechte Juwelen und Wunder zu entdecken, raffinierte Anpassungen und bemerkenswerte Fähigkeiten.

So haben wir etwa auf Grund der Jahreszeiten und der damit verbundenen starken Temperaturschwankungen hierzulande wahre Überlebenskünstler. Die Winterhärte heimischer Insekten als erwachsenes Tier, Puppe, Larve oder Ei ist erstaunlich. Temperaturen von -20°C müssen viele Arten aushalten, um dauerhaft bei uns leben zu können. So überwintert der Zitronenfalter (*Gonepteryx rhamni*) als einziger heimischer Schmetterling dank eines körpereigenen „Frostschutzmittels" völlig ungeschützt im Freien. Aber auch viele winteraktive Insekten sind bei uns heimisch. Da sie teilweise sogar auf Schnee oder Eis leben, haben sie auch entsprechende Trivialnamen wie Schneeschnake (*Chionea lutescens*) oder Winterhaft (*Boreus hyemalis*) erhalten. Viele Insekten besuchen uns nur in den warmen Sommermonaten. Diese Wanderinsekten legen zum Teil Tausende von Kilometern zurück und werden oft nur durch klimatische oder geografische Bedingungen an der weiteren Ausbreitung gehindert. Dieses Gleichgewicht wird jedoch durch den Klimawandel stark beeinflusst und so ist beispielsweise die Gottesanbeterin (*Mantis religiosa*) heute schon in fast ganz Deutschland nachgewiesen, während sie früher nur in besonders wärmebegünstigten Regionen lebte.

① Porträt von *Lepismachilis y-signata*. Die Felsenspringer (Archaeognatha) gehören erdgeschichtlich zu unseren ältesten Insekten. Die flugunfähigen Tiere lebten hier bereits im mittleren Devon (vor ca. 400 Millionen Jahren).

Was ist ein Insekt?

Der Begriff Insekt stammt von dem lateinischen Wort „insectum“ ab, was so viel wie „eingeschnitten“ bedeutet. Dies bezieht sich auf die drei deutlich abgetrennten Körperteile von Insekten: Hinterleib (Abdomen), Brust (Thorax) und Kopf (Caput). Auf Grund dieses eingeschnittenen oder eingekerbten Erscheinungsbilds nennt man Insekten auch Kerbtiere. Die Größe der Insekten variiert sehr stark und liegt bei den meisten Arten zwischen einem und 20 Millimetern. Zu den kleinsten heimischen Insekten gehört der Federflügler *Baranowskiella ehnstromi*, ein Käfer, mit einer Länge von 0,45 mm und einer Breite von nur 0,1 mm. Zu den größten heimischen Insekten zählen die Männchen des Hirschkäfers (*Lucanus cervus*) mit einer Körperlänge von bis zu 8 cm, sowie unter den Libellen die Weibchen der Zweigestreiften Quelljungfer (*Cordulegaster boltonii*) mit einer Körperlänge von bis zu 8,5 cm und einer Flügelspannweite von 11 cm.

Allen Insekten gemeinsam ist ein Exoskelett aus Sklerotin und Chitin. Darin eingebettet sind die Sinnesorgane sowie verschiedene Drüsenausgänge des Insekts. Das Exoskelett bildet verschiedene Oberflächenstrukturen aus, zu denen Warzen, Stacheln, Haare, Borsten, Schuppen und Höcker gehören. Durch Einlagerung von Farbstoffen (Pigmentfarben) oder durch spezielle lichtbrechende Oberflächen (Interferenzfarben) können die Außenhaut des Insekts oder einzelne Körperteile gefärbt sein. Einzelne Körpersegmente sind manchmal durch Haare, Schuppen oder Färbung kaum zu erkennen. Die allermeisten Insekten haben als erwachsene Tiere sechs Beine, nur wenige haben ihre Beine zurückgebildet. Aber nicht alles, was sechs Beine hat, ist automatisch ein Insekt. Auch Springschwänze (Collembola), Doppelschwänze (Diplura) und Beintastler (Protura) haben einen solchen Aufbau, werden aber heute nicht mehr zu Insekten gezählt. Sie bilden eine Schwestergruppe, deren systematische Einordnung aber aktuell auch noch nicht abschließend geklärt ist.

Ihr enormer Erfolg ist auf mehrere bemerkenswerte Eigenschaften zurückzuführen. Der Chitinpanzer macht die Insekten im Verhältnis zu ihrer Größe sehr widerstandsfähig und schützt sie vor Austrocknung. Zum anderen ermöglicht ihnen ihre geringe Körpergröße das Vordringen in Kleinlebensräume, die für Wirbeltiere unzugänglich sind. Insekten waren zudem die ersten Lebewesen, die den Luftraum zur Fortbewegung nutzten. Die Fähigkeit des Fliegens ermöglicht es ihnen, sich über große Entfernungen auszubreiten und vor Gefahren zu fliehen. Ähnlich erfolgreich sind Insekten jedoch auch im Wasser. Viele Insekten verbringen ihr Leben ganz oder teilweise im Wasser.

Ein weiteres Erfolgsgeheimnis der Insekten ist ihre Fähigkeit, sich schnell zu vermehren. Manche Insekten können sich bei günstigem Klima und guten Nahrungsbedingungen innerhalb weniger Wochen vertausendfachen. Ihr vielfältiges Nahrungsspektrum ist ein weiterer Grund für ihre zahlenmäßige Überlegenheit gegenüber anderen Tiergruppen.

Echte Allesfresser sind im Insektenreich selten, die meisten Arten sind mehr oder weniger stark auf ihre bevorzugte Nahrung spezialisiert. Einer der seltenen Allesfresser ist der Gemeine Ohrwurm (*Forficula auricularia*), der sich sowohl von pflanzlicher als auch von tierischer Nahrung ernährt. Insekten insgesamt betrachtet verzehren jedoch fast alles. Ihr Nahrungsspektrum an tierischen, pflanzlichen und pilzlichen Stoffen ist so breit gefächert, dass es kaum eine organische Substanz gibt, die nicht von irgendeinem Insekt als Nahrungsquelle genutzt wird: Seien es dünne Bakterienfilme, Flechten, Moose, Algen, Pilzmycel, wirbellose Tiere, Fische, Amphibien, Eier, Blut, Aas oder Exkremente. Selbst den unverdaulichen

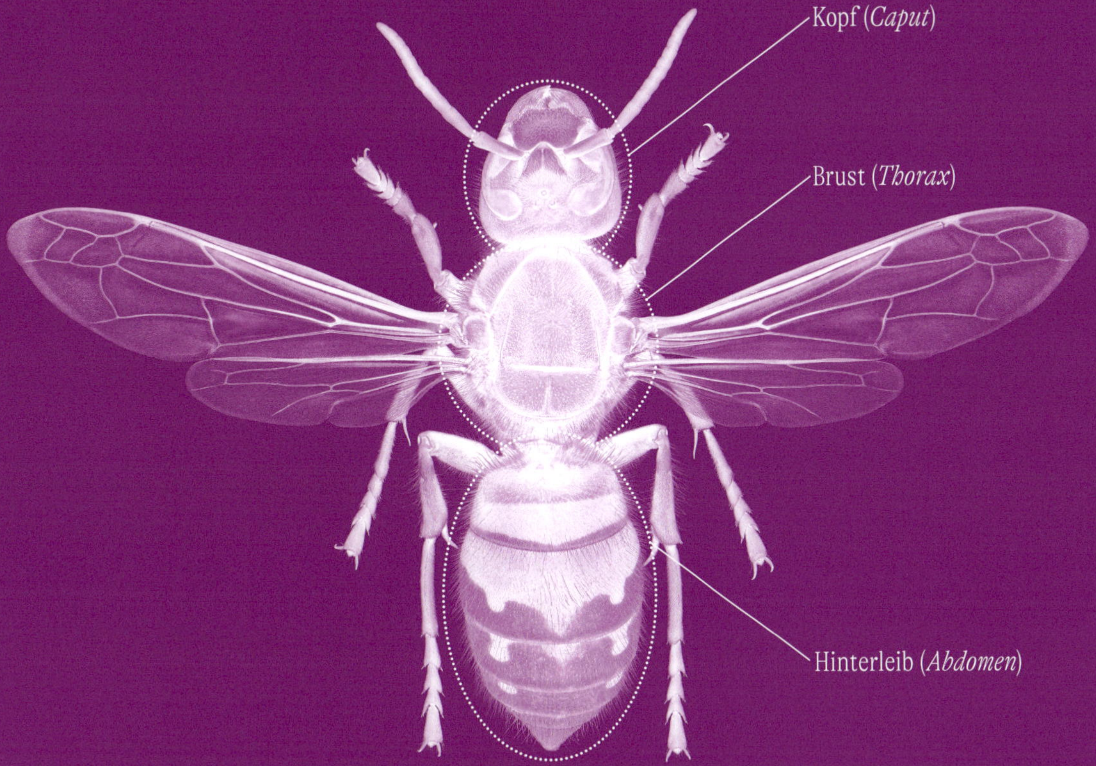

Kopf (*Caput*)
Brust (*Thorax*)
Hinterleib (*Abdomen*)

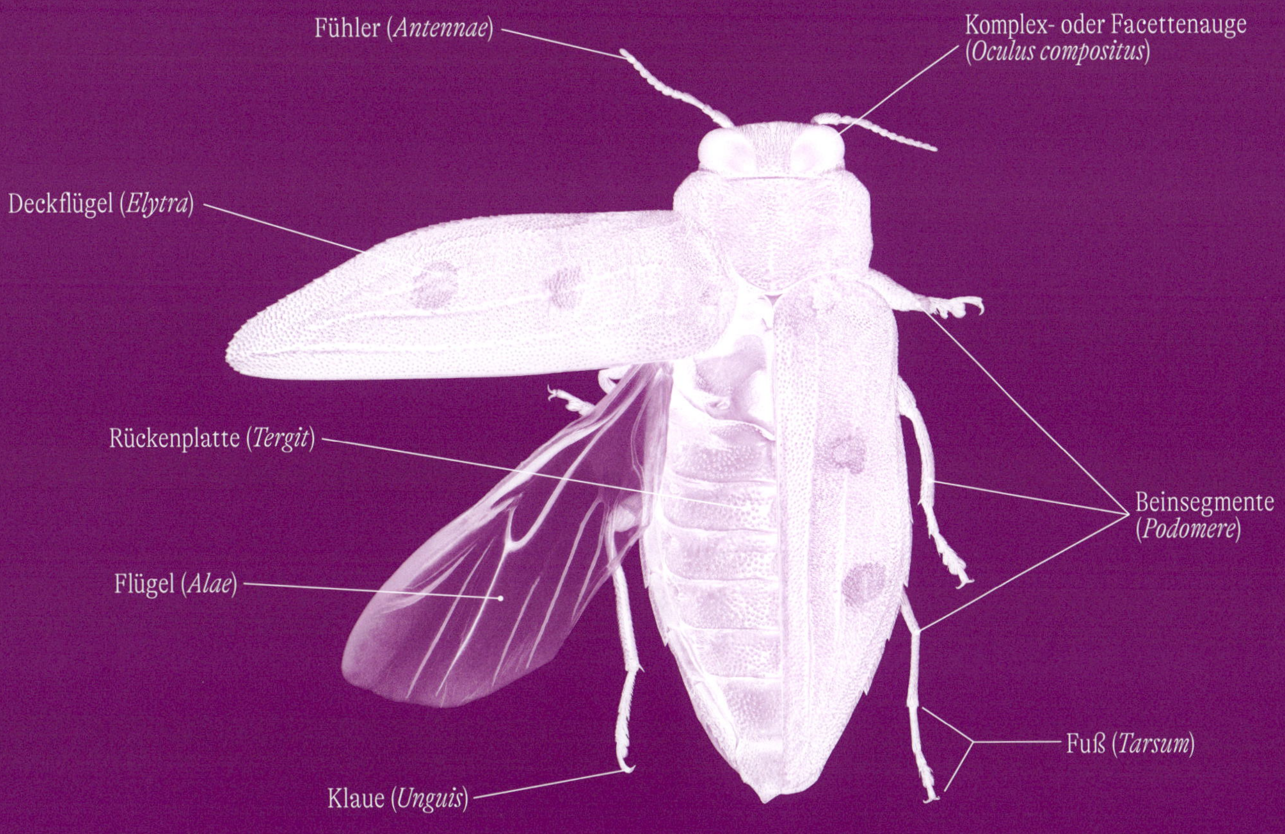

Fühler (*Antennae*)
Komplex- oder Facettenauge (*Oculus compositus*)
Deckflügel (*Elytra*)
Rückenplatte (*Tergit*)
Beinsegmente (*Podomere*)
Flügel (*Alae*)
Fuß (*Tarsum*)
Klaue (*Unguis*)

Holzstoff Zellulose können viele Insektenarten dank spezieller Darmbakterien abbauen. Sogar vor dem widerstandsfähigen Naturstoff Bienenwachs, einer Art natürlichem Kunststoff, machen einige Arten nicht halt: Die Larven der Wachsmotte fressen sich gierig durch die Waben. Die Ernährungsweise ändert sich bei vielen Insekten im Laufe ihres Lebens. Besonders bei holometabolen Insekten (Insekten, die eine vollständige Umwandlung durchlaufen) ernähren sich die Larven oft ganz anders als die erwachsenen Tiere nach der Metamorphose.

Die genaue Ernährung unserer heimischen Insekten ist bisher nur in wenigen Fällen bekannt. Einen Überblick über die Ernährungsweise gibt es bisher nur für die Larvenstadien. Von den etwa 34.000 verschiedenen Insektenarten in Deutschland ernähren sich die Larven von über 13.000 Arten von Pflanzen und etwa 15.000 Arten von anderen Tieren, meist Insekten. Von den Pflanzenbestäubern kennen wir einen Bruchteil, zum Beispiel die 588 heimischen Bienen und 433 Schwebfliegen, die Blüten besuchen. Insgesamt bestäuben in Deutschland jedoch mindestens 3.000 Insektenarten, darunter etwa Fliegen, Mücken, Wespen, Pflanzenwespen, Schmetterlinge und Käfer. Wie viele es genau sind, wissen wir – wie so oft – nicht. Eine der häufigsten Lebensweisen heimischer Insekten ist der Parasitismus mit 9.200 Arten. Dabei lassen sich zwei Formen unterscheiden. Zum einen Parasiten, die auf oder in einem anderen Wirtstier leben und mit ihm koexistieren, während sie es schädigen, es aber nicht töten. Zum anderen Parasitoide, die auf oder in einem Wirtstier leben und dieses töten, um ihre eigene Entwicklung zu vollenden.

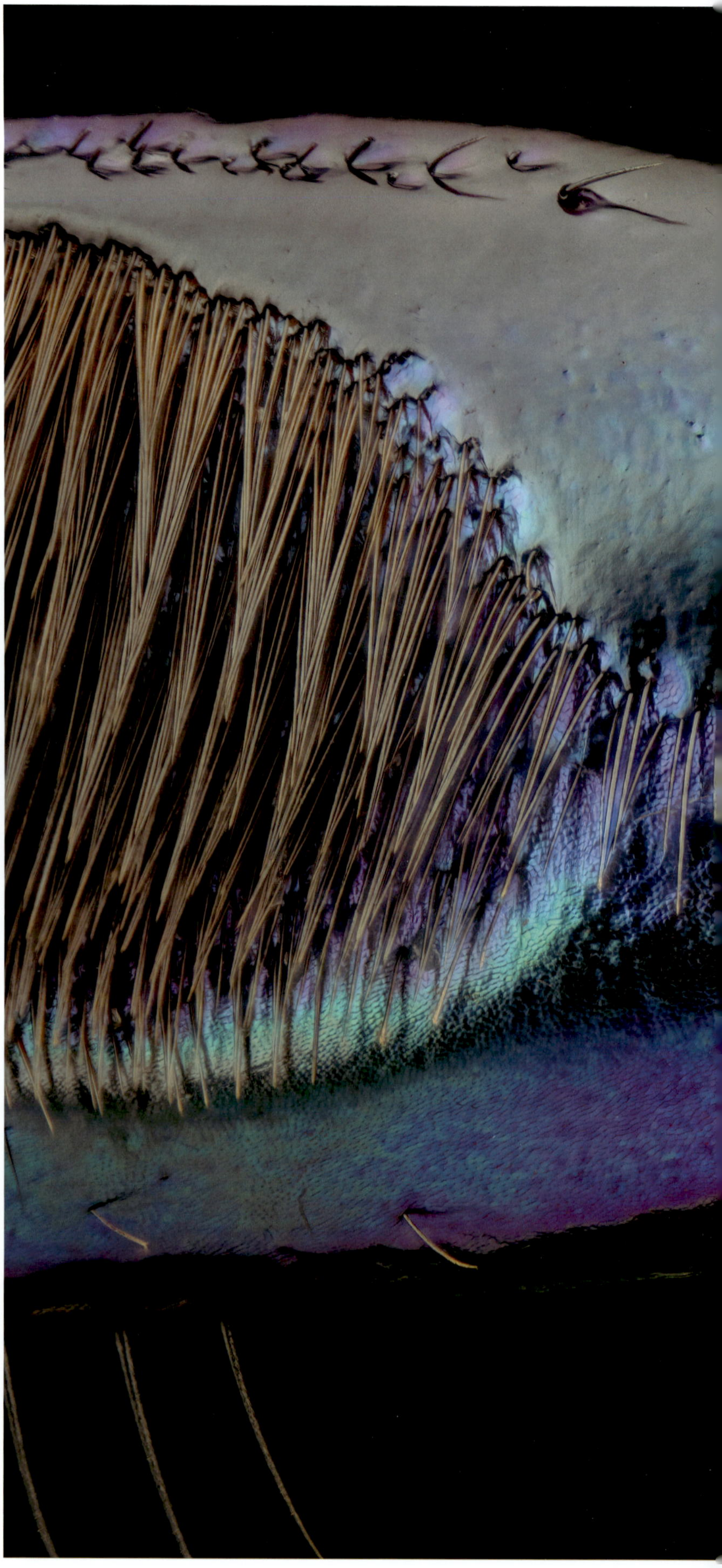

① Detailaufnahme des Vorderbeins eines Waldmistkäfers (*Anoplotrupes stercorosus*)

②–③ Nicht wählerisch: Die meisten Ohrwürmer (Dermaptera) ernähren sich omnivor, was bedeutet, dass sie sowohl tierisches als auch pflanzliches Futter zu sich nehmen. Ausgewachsene Tiere des Gemeinen Orhwurms (*Forficula auricularia*) sind flugfähig. Durch einen raffinierten Faltmechanismus können die Flügel platzsparend unter den viel kleineren und härteren Vorderflügeln verstaut werden.

②

③

① *Torymus calcaratus*. Eine Erzwespe, welche andere Wepsenarten wie z.B. Gallwespen parasitiert.

② Prozentualer Anteil der Insektenordnungen an der Anzahl der bisher beschriebenen Insektenarten

Megadiverse Insektenordnungen

Weltweit wurden bisher rund eine Million Insektenarten beschrieben. Interessanterweise machen gerade einmal vier der 30 existierenden Insektenordnungen rund 87 Prozent aller bekannten Insektenarten aus. Man nennt sie deshalb auch die megadiversen Insektenordnungen. Sie waren evolutionär am erfolgreichsten bei der Bildung neuer Arten. Zu diesen Megadiversen zählen die Käfer (Coleoptera) mit annähernd 400.000 Arten, die Schmetterlinge (Lepidoptera) mit rund 160.000 Arten, die Zweiflügler (Diptera) mit etwa 160.000 Arten und die Hautflügler (Hymenoptera) mit rund 153.000 Arten. 25 weitere Insektenordnungen sind übrigens bereits im Laufe der Erdgeschichte wieder ausgestorben.

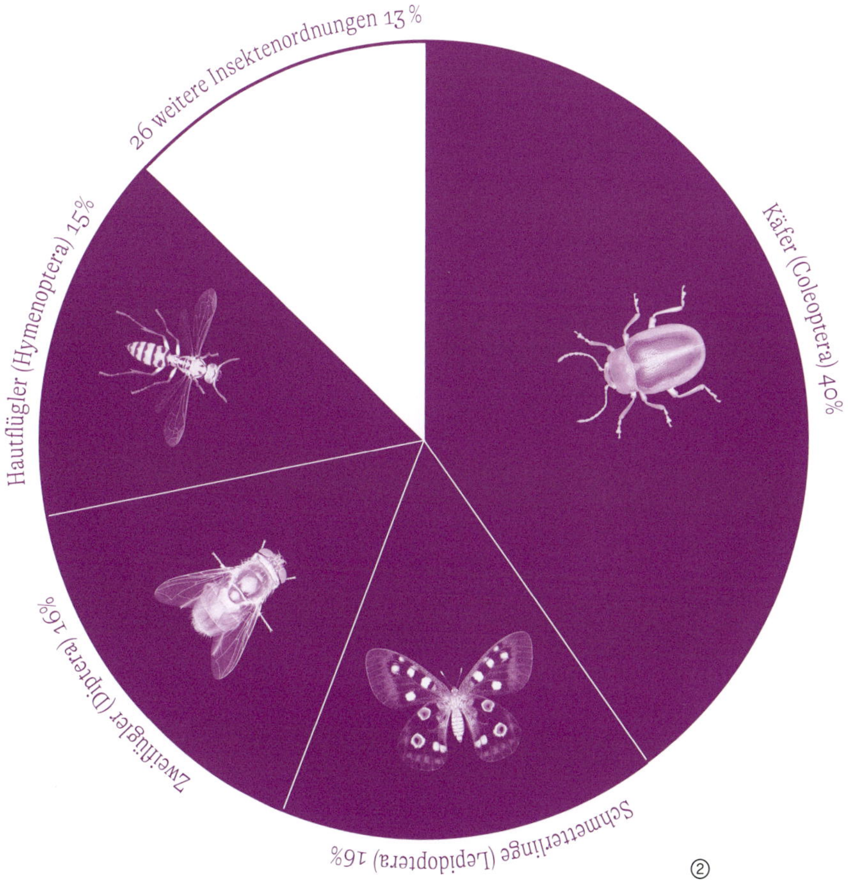

②

Hautflügler
(Hymenoptera)

9.600 Arten in Deutschland beschrieben. Zu ihnen zählen etwa Bienen und Ameisen. Sie haben beißend-kauende Mundwerkzeuge.

Zweiflügler
(Diptera)

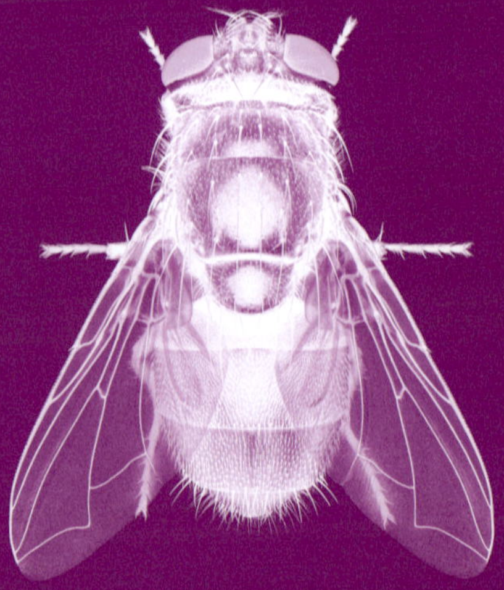

9.450 Arten in Deutschland beschrieben. Zu ihnen zählen alle Fliegen- und Mückenarten. Ihre Mundwerkzeuge sind leckend-saugend oder stechend-saugend.

Käfer
(Coleoptera)

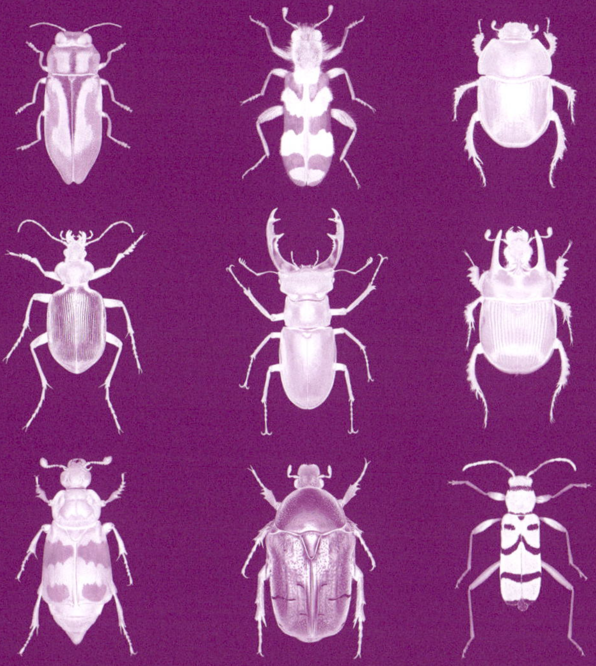

Schmetterlinge
(Lepidoptera)

6.500 Arten in Deutschland beschrieben. Die meisten Käfer weisen die für sie typischen harten Deckflügel (Elytren) auf. Sie besitzen alle beißend-kauende Mundwerkzeuge.

3.700 Arten in Deutschland beschrieben. Man unterscheidet sie grob in Tag- und Nachtfalter. Die Mundwerkzeuge bestehen aus einem Rüssel. Nur Urmotten (Micropterigidae) besitzen Mandibeln, also kauende Mundwerkzeuge.

holometabole Metamorphose

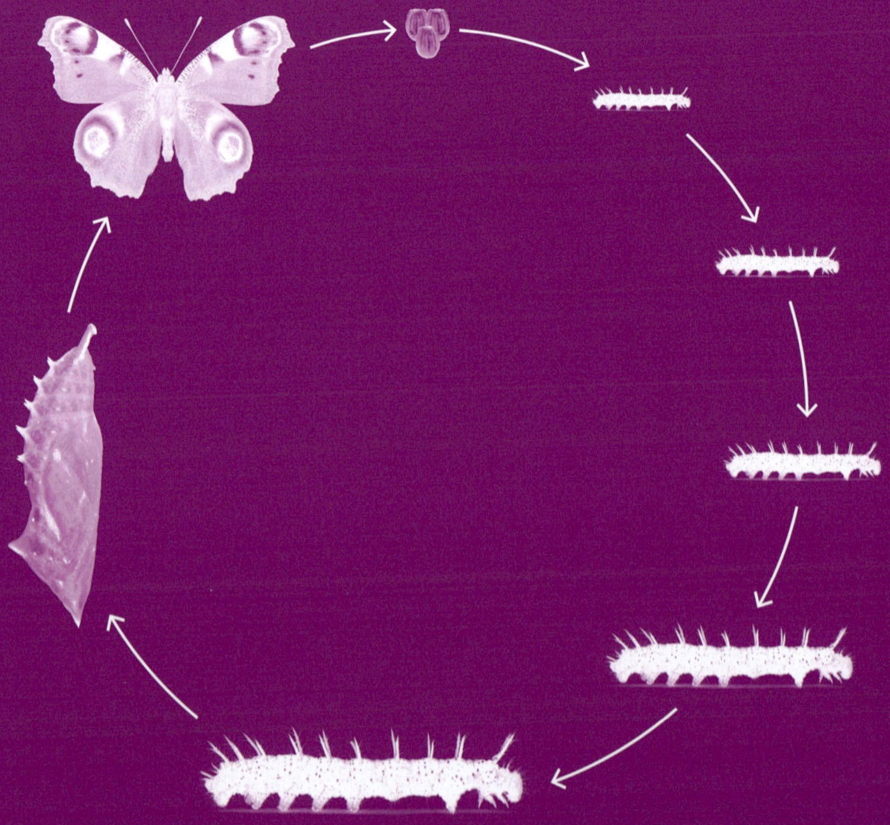

hemimetabole Metamorphose

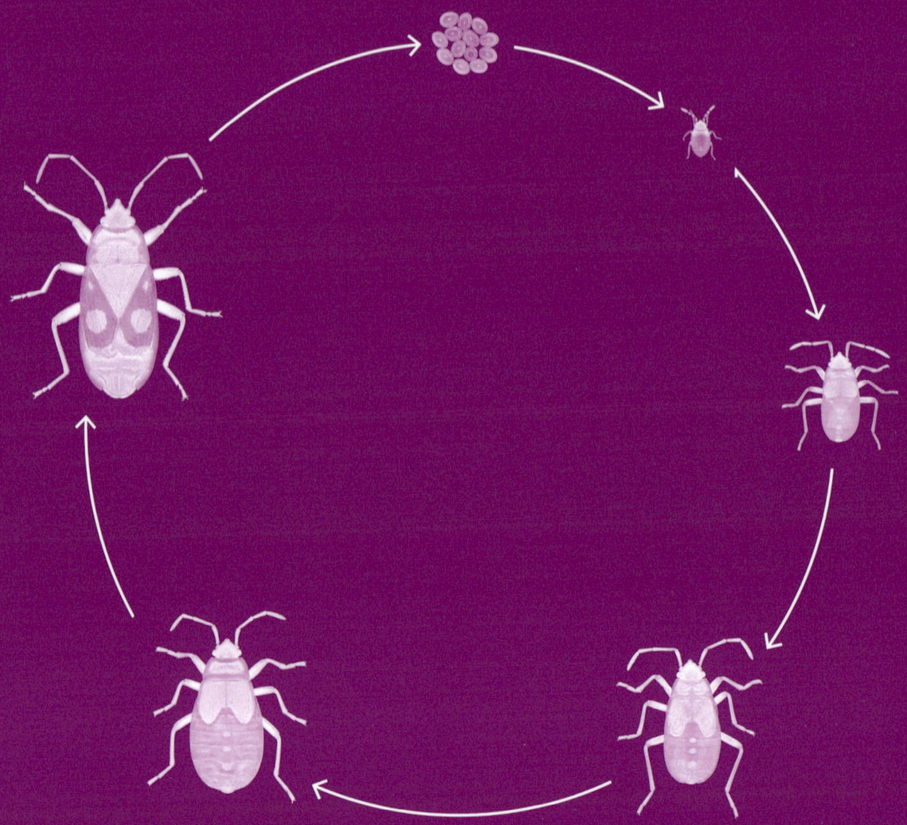

Metamorphose

Bei der Entwicklung von Insekten gibt es zwei völlig verschiedene Umwandlungsstrategien von der Larvenform zum adulten Tier: Die vollkommene oder auch holometabol genannte Metamorphose und die allmähliche oder auch hemimetabol genannte Metamorphose.

Bei über 90 % aller Insektenarten sehen die Jungtiere gänzlich unterschiedlich zu ihren Eltern aus, wie etwa die Raupen bei den Schmetterlingen oder die Engerlinge bei den Käfern. Häufig besiedeln diese auch unterschiedliche Lebensräume und erschließen so gänzlich andersartige Nahrungsquellen. Somit werden die Ressourcen schonender aufgeteilt und die Art hat dadurch Vorteile. Die Verwandlung zu erwachsenen Insekten findet bei der vollständigen, der auch holometabol genannten Metamorphose, immer in einer Puppe statt. Dabei entsteht quasi ein völlig neues Lebewesen. In der Puppe wird die ursprüngliche Larve durch eigene Verdauungssäfte nahezu vollständig aufgelöst. Nur wenige Zellen, die während des Larvenstadiums keine Funktion erfüllten, sind resistent gegen die Verdauungssäfte. Diese Zellen bilden die Anlagen für die nun neu entstehenden Organe. Bei Schmetterlingen überleben nur wenige Prozent des ursprünglichen Gewebes die Verwandlung. 95 Prozent entstehen vollkommen neu. Neben Schmetterlingen zählen etwa Käfer, Hautflügler und Zweiflügler zu den holometabolen Insekten. Es gibt also keine „Baby-Käfer“, die noch heranwachsen. Sieht man einen kleinen Käfer, handelt es sich dabei eben um einen kleinen erwachsenen Käfer. Das harte Exoskelett bestimmt seine finale Körpergröße. Er „wächst“ nicht mehr.

Manche parasitär lebende Insekten weisen die Besonderheit der Hypermetamorphose auf: Sie durchlaufen gleich zwei grundlegende Gestaltwandel. Dazu zählen zum Beispiel einige Ölkäfer (Meloidae), Erzwespen (Chalcidoidea) und Fanghafte (Mantispidae).

Die andere Form der Entwicklung nennt man die unvollständige oder die hemimetabole Metamorphose. Hier gibt es kein Puppenstadium und die Jungtiere ähneln vom Körperbau her bereits dem erwachsenen Insekt. Nach jeder Häutung ähneln sie immer mehr ihren Eltern, sie können jedoch nur im Erwachsenenstadium fliegen. Wanzen häuten sich im Schnitt fünfmal, heimische Heuschrecken gar bis zu zwölfmal. Auch Libellen zählen zu den hemimetabolen Insekten, auch wenn ihre Larven aquatisch leben und somit ein völlig anderes Habitat erschließen. Dennoch durchlaufen sie kein Puppenstadium, in dem eine vollständige Umwandlung stattfindet.

Um auf sich verändernde Umweltbedingungen reagieren zu können, gibt es die Strategie des Überliegens, der Verzögerung der Entwicklungsstadien. Um den Erhalt einer Population zu ermöglichen, verlängern einige Arten ihren Entwicklungszyklus und können in diesen resilienteren, überdauernden Stadien ungünstige Bedingungen, wie etwa Dürreperioden oder andere herausfordernde Witterungs- oder Umwelteinflüsse, schadlos überstehen. Dieses Überliegen kann bis zu mehreren Jahren dauern.
So gibt es zum Beispiel Schmetterlingsarten, wie etwa das Wiener Nachtpfauenauge (*Saturnia pyri*), bei dem manche Puppen ein, zwei oder auch drei Jahre später als der Großteil einer Generation schlüpfen. Doch auch bei hemimetabolen Arten gibt es diese Strategie, wie etwa beim Grünen Heupferd (*Tettigonia viridissima*), bei dem manche Eier bis zu fünf Jahre überliegen.

①

②

③

④

①–② Ei und Raupen in den Larvenstadien L1 bis L5 des Wiener Nachtpfauenauges (*Saturnia pyri*). Bei dieser Art besitzt jedes Raupenstadium eine unterschiedliche Färbung.
③ Blick ins Kokoninnere mit Puppe und letzter abgeworfener Raupenhaut
④ Schlupf eines Männchens mit seinen charakteristischen Antennen-Fühlern

⑤ Weibchen des Wiener Nachtpfauenauges
⑥ Eispiegel des Wiener Nachtpfauenauges an Kirschzweig

⑤

⑥

⑦

⑧

⑦ Gemeine Feuerwanze (*Pyrrhocoris apterus*)
⑧ Eine Nymphe der Gemeinen Feuerwanze streift die Larvenhaut des vorhergehenden Nymphenstadiums ab und wächst damit heran. Deutlich zu erkennen sind die aus der alten Haut hervortretenden Augen und weiße Fäden: die Tracheen (Atmungsorgane) des Insekts.

1 Hornisse (*Vespa crabro*)
2 Echter Widderbock (*Clytus arietis*)
3 Hornissen-Glasflügler (*Sesia apiformis*)
4 Hornissenschwebfliege (*Volucella zonaria*)

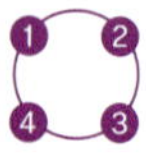

Mimikry, Mimese und Somatolyse

Viele Erscheinungen in der Tierwelt, die uns einfach nur schmuckvoll erscheinen, haben eine Funktion: Sie bieten dem Individuum, beziehungsweise der Art, einen evidenten Vorteil. Oder wie der Evolutionsbiologe Theodosius Dobzhansky es treffend formulierte: „Nichts in der Biologie macht Sinn, außer im Lichte der Evolution". Tarnung und Täuschung sind raffinierte Methoden, sich vor Fressfeinden zu schützen. Sie sind sehr energieeffizient, da sie die Notwendigkeit auf eine mögliche Flucht verringern. Bei der Interpretation der drei hier vorgestellten Tarnungs- und Täuschungsmethoden müssen wir jedoch immer bedenken, dass wir die Tiere mit unseren menschlichen Sinnen wahrnehmen. Vielleicht sieht aber ein anderes Tier die potenzielle Beute ganz anders als wir, da es andere Farben und Lichtwellenlängen rezipiert?

Der Begriff Mimikry leitet sich vom altgriechischen Begriff „mimos" ab, was so viel wie Nachahmer oder Imitator bedeutet. Bei dieser Form der Täuschung ähnelt ein Lebewesen einem anderen, welches gefährlicher erscheint als es selbst. Wie etwa eine unbewaffnete Schwebfliege (Syrphidae), die an die schwarz-gelbe Warntracht einer Wespe erinnert und sich damit vor Feinden schützt, die bereits schlechte Erfahrungen mit dem Wespengift gemacht haben. Weitere Arten, die an stachelbewehrte Insekten erinnern, sind etwa der Echte Widderbock (*Clytus arietis*), eine Bockkäferart, die auf den ersten Blick wie eine Wespe aussieht, oder der Hornissen-Glasflügler (*Sesia apiformis*), ein Nachtfalter, der ausschaut wie eine Hornisse. Viele Schmetterlinge besitzen Augenzeichnungen auf den Flügeln. Auch solche Arten, die nicht näher miteinander verwandt sind, wie es etwa bei Tagpfauenauge (*Aglais io*), Abendpfauenauge (*Smerinthus ocellata*) oder den Nachtpfauenaugen (*Saturnia*) der Fall ist. Diese Augen-Mimikry macht sich die angeborene Vermeidungsreaktion von möglichen Fressfeinden zunutze: Der Falter öffnet plötzlich seine Flügel und riesige, leuchtende Augen blicken den Jäger an. Diesen kurzen Moment der Verwirrung kann der Schmetterling zur Flucht nutzen.

Mimese ist eine Form der Tarnung, bei der ein Lebewesen in Form und Färbung einem Objekt seiner Umgebung ähnelt, welches einem möglichen Beutegreifer wenig attraktiv erscheint. Spanner-Raupen, eine Nachtfalterfamilie (Geometridae), ähneln in Färbung und Gestalt etwa kleinen Ästchen. Bei Gefahr erstarren sie und wirken durch kleine Körperfortsätze wie Abbruchstellen von Seitenzweigen oder Knospen. Die Nachtfalterart Mondvogel (*Phalera bucephala*) ähnelt mit angelegten Flügeln auf verblüffende Weise einem abgebrochenen Zweig. Einige Arten wirken auf uns in ihrem Aussehen gar wie unappetitliche Gegenstände, etwa Vogelkot. Die Raupe des C-Falters (*Polygonia c-album*) zum Beispiel erinnert in Färbung und Gestalt an Vogelexkremente.

Der Begriff Somatolyse stammt aus dem Altgriechischen und bedeutet wörtlich „Auflösung des Körpers". Musterung und Tarnfarben der Tracht führen zu einer optischen Verschmelzung des Lebewesens mit seiner Umgebung, es erscheint quasi unsichtbar, seine Gestalt ist für uns kaum mehr erkennbar. Birkenspanner (*Biston betularia*) sind aufgrund ihrer Musterung und Färbung auf Birkenrinde sitzend nahezu nicht auszumachen, ebenso eine Meldeneule (*Trachea atriplicis*), wenn sie sich auf Moos niedergelassen hat.

①

① Mondvogel (*Phalera bucephala*)
② Meldeneule (*Trachea atriplicis*)
③ Birkenspanner (*Biston betularia*)

②

③

① Komplex- oder Facettenauge einer Regenbremse (*Haematopota pluvialis*)

Die Augen der Insekten

Die Augen der Insekten sind nicht wie bei uns Wirbeltieren aus Glaskörper, Netzhaut, Linse und Hornhaut aufgebaut, sondern als Komplexaugen, auch Facettenaugen genannt.

Die Einzelaugen, aus denen ein Komplexauge besteht, werden als Ommatidien bezeichnet. Libellen haben bis zu 30.000 Ommatidien pro Auge. Bei Schmetterlingen sind es bis zu 6.000. Die Lebensweise der Tiere spiegelt sich im Bau der Komplexaugen wider: Bei nachtaktiven Insekten finden wir oft große Augen mit beweglichen Pigmentzellen, die sich zurückziehen lassen und so einen breiteren Lichteinfall auf Teile des benachbarten Ommatidiums ermöglichen. Sie erhöhen so die Lichtintensität im Dunkeln, das Bild ist jedoch nicht so hochauflösend wie bei vielen tagaktiven Insekten. Besonders schnell fliegende Insekten haben ebenfalls an ihre Bedürfnisse angepasste Komplexaugen. Bei ihnen ist die Übertragung jedes einzelnen Ommatidiums stark mit den benachbarten Ommatidien gekoppelt. Sie verarbeiten rund 300 Bilder pro Sekunde, was etwa dem Fünfzehnfachen des menschlichen Auges entspricht. Schon kleinste räumliche Veränderungen werden wahrgenommen. Deshalb ist es fast unmöglich, etwa eine in der Luft stehende Schwebfliege mit der Hand zu fangen.

Die Anzahl der Ommatidien unterscheidet sich jedoch oft auch innerhalb einer Art zwischen den Geschlechtern, wobei die Männchen oft deutlich größere Augen aufweisen. So besitzen etwa die Weibchen der Leuchtkäfer 300 Ommatidien pro Seite, die Männchen dagegen bis zu 2500. Dies wird darauf zurückgeführt, dass sie die Weibchen zur Fortpflanzung aufsuchen müssen, wofür eine bessere Sicht erforderlich ist. Wenn sich die Komplexaugen in der Mitte des Kopfes berühren, was bei Großlibellen oder zahlreichen Fliegen (hier vor allem bei den Männchen) der Fall ist, spricht man von holoptisch angeordneten Augen. So findet man bei Bremsen und vielen Schwebfliegen eine holoptische Anordnung der Augen bei den Männchen, so dass diese unmittelbar von den Weibchen unterschieden werden können. Männliche Eintagsfliegen (Ephemeroptera) besitzen als einzige Insekten sogenannte Turbanaugen. Dieser obere Teil des Komplexauges verdankt seinen Namen der turbanartigen Form. Diese Augen sind ausschließlich im UV-Bereich empfindlich und dienen der schnellen Erkennung von Weibchen sowie der Koordination bei Schwarmtanzflügen.

Einige Insektenarten, die vor allem an sehr dunklen Orten leben, weisen nur sehr wenige oder nur ein einziges Ommatidium auf. Sie können sogar gänzlich fehlen. Völlig augenlose Insekten leben vor allem im Spaltensystem des Bodens, tief unter der Erdoberfläche. Eine ganze Reihe mitteleuropäischer Käfer, die früher gerne als „Blindkäfer" bezeichnet wurden, haben im Laufe der Evolution ihre Augen verloren. Orientierungslos sind sie dennoch nicht, denn sie finden sich mit auffallend langen Tasthaaren und Borsten zurecht, die bereits feinste Vibrationen in der Luft wahrnehmen.

Bei vielen Fluginsekten befinden sich am Kopf zwischen den Komplexaugen punktförmige Ocellen, die der Hell-Dunkel-Wahrnehmung dienen. Diese Stirnocellen dienen wahrscheinlich als Gleichgewichtsorgan und zur Steuerung schneller Flugbewegungen. Sie sind also eine Art Horizontdetektor und ermöglichen die Flugstabilisierung. In experimentellen Untersuchungen wurde der Flug von Libellen instabil, wenn sie abgedeckt wurden.

②

③

② Ocellen einer Erzwespe aus der Familie Pteromalidae
③ Komplexauge einer Erzwespe aus der Gattung *Conomorium*
④ Auge einer Braunschwarzen Rossameise (*Camponotus ligniperdus*)
⑤ Ocellen einer Schmetterlingsjagenden Silbermundwespe (*Lestica subterranea*)

⑥ Dorsale Ansicht des Kopfes einer Mittleren Wespe (*Dolichovespula media*). Gut zu erkennen sind die zentral liegenden Ocellen zwischen den Komplexaugen.
⑦ Baum-Schnepfenfliege (*Chrysopilus laetus*). Ein typisches Merkmal einer männlichen Fliege sind die sich berührenden Komplexaugen. Bei dieser Art befinden sich die Ocellen auf einer Erhöhung.
⑧ Schwebfliege aus der Gattung *Sphaerophoria*
⑨ Komplexaugen und Fühlerbasis der Schmetterlingsjagenden Silbermundwespe (*Lestica subterranea*)
⑩ Große Eintagsfliege (*Ephemera danica*). Gut erkennbare Zweiteilung des Auges: Die obere Hälfte ist als „Turbanauge" auf die UV-Detektion spezialisiert.
⑪ Komplexauge einer Hornfliege (Sciomyzidae)

⑧

⑨

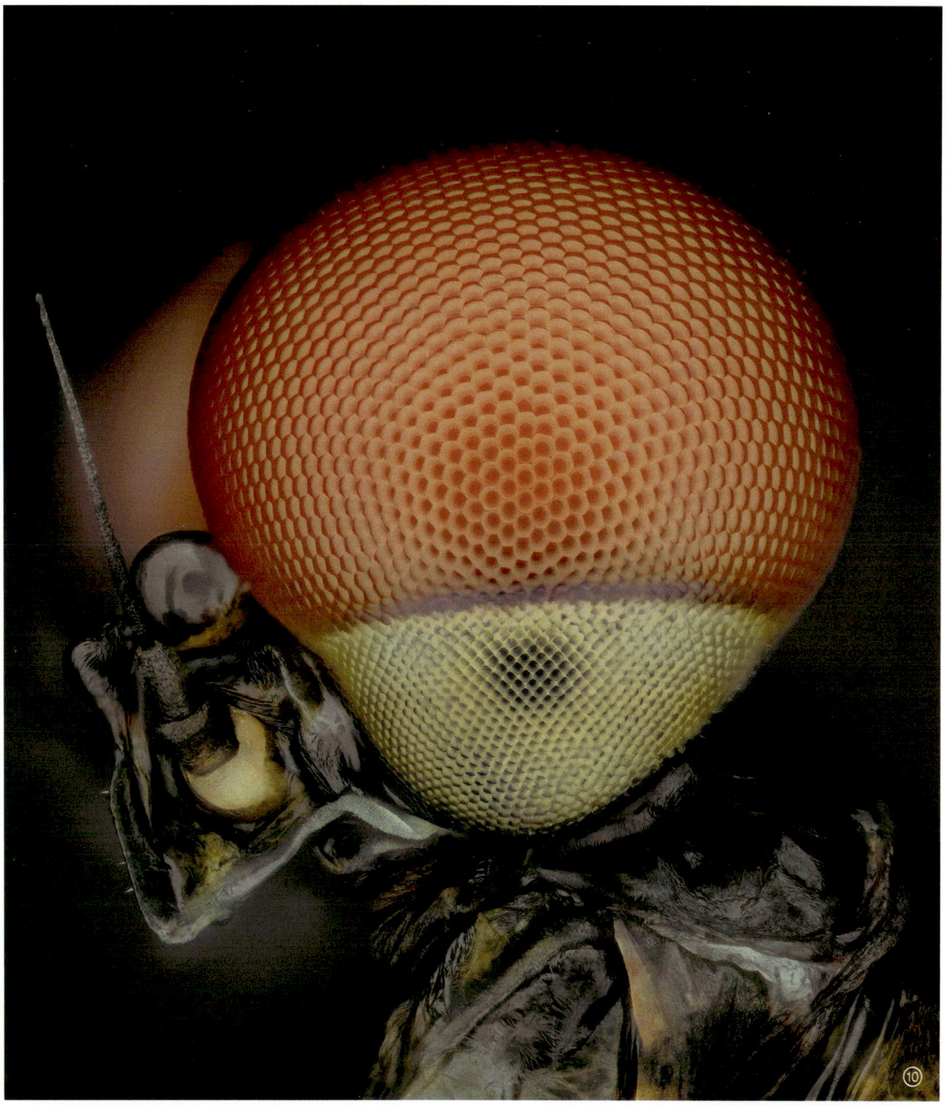
⑩

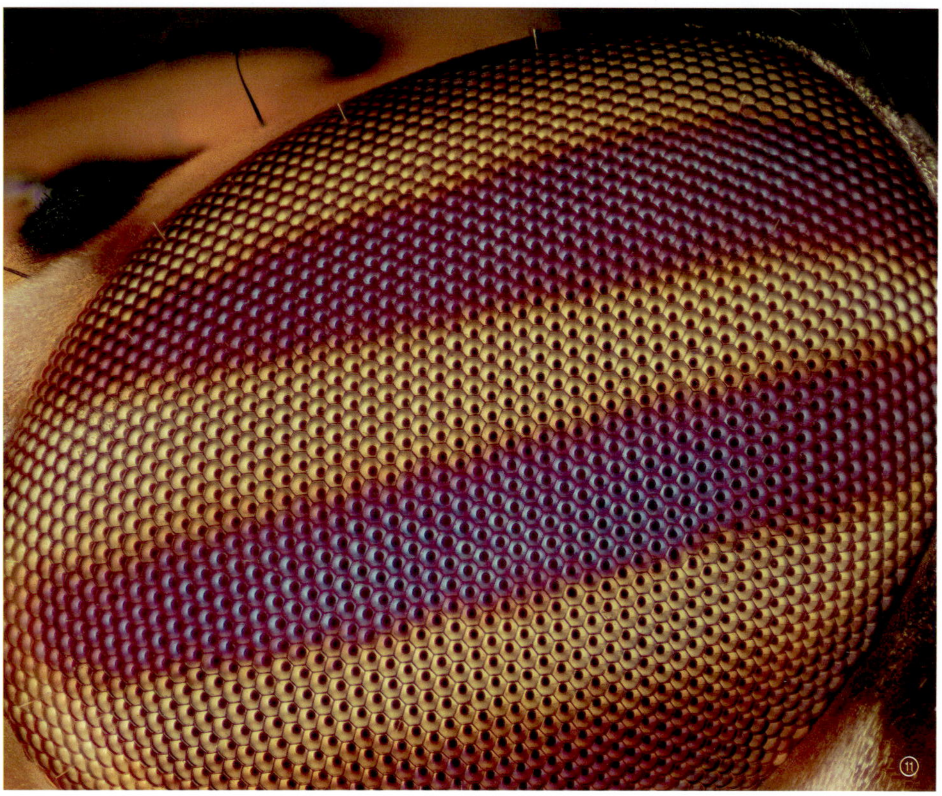
⑪

⑫

⑬

⑭

⑫ Bohrfliege (*Tephritis acanthiophilopsis*)
⑬ Regenbremse (*Haematopota pluvialis*)
⑭ Grüne Stinkwanze (*Palomena prasina*)

①

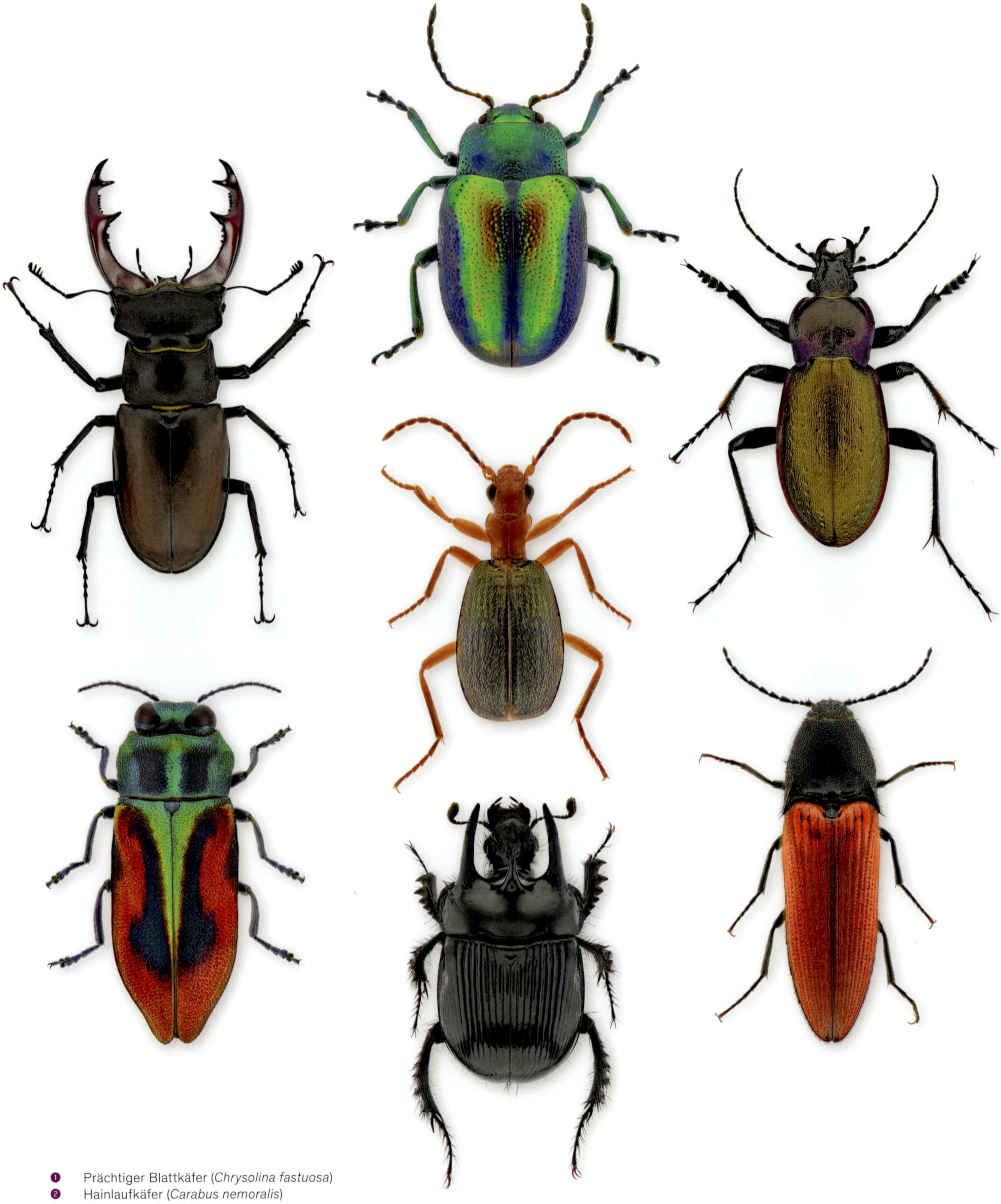

1 Prächtiger Blattkäfer (*Chrysolina fastuosa*)
2 Hainlaufkäfer (*Carabus nemoralis*)
3 Blutroter Schnellkäfer (*Ampedus sanguineus*)
4 Stierkäfer (*Typhaeus typhoeus*)
5 Kirschprachtkäfer (*Anthaxia candens*)
6 Hirschkäfer (*Lucanus cervus*)
7 Großer Bombardierkäfer (*Brachinus crepitans*)

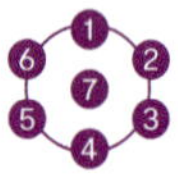

Die Ordnung der Käfer

(Coleoptera)

Käfer sind die artenreichste Tierordnung auf der Erde. Annähernd 400.000 Arten sind weltweit derzeit bekannt und jedes Jahr kommen Hunderte neu beschriebene Arten hinzu. Das bedeutet, dass etwa ein Viertel aller beschriebenen Tierarten derzeit Käfer sind. In Deutschland gibt es rund 6.500 Arten. Man vermutet, dass Käfer eine der ältesten Bestäuber der Erdgeschichte sind und noch immer sind weltweit viele Pflanzenarten auf Käferbestäubung angewiesen, wie etwa Palmen.

Das Wort „Käfer" stammt aus dem Germanischen und ist wortverwandt mit „Kiefer". Es bedeutet so viel wie „nagen, kauen", da Käfer meist über kräftige Mundwerkzeuge verfügen. Der wissenschaftliche Ordnungsname Coleoptera leitet sich von dem altgriechischen Wort „koleos" ab; einer ledrigen Schwerthülle. Der zweite Teil bedeutet so viel wie Flügel. Der Begriff ist also eine Anspielung auf die häufig ledrig wirkenden Deckflügel der Käfer.

Die größte heimische Käferart ist der imposante Hirschkäfer (*Lucanus cervus*). Schon er zeigt uns, wie vielfältig Arten sein können. Sein Geschlechtsdimorphismus ist so ausgeprägt, dass man Weibchen und Männchen für zwei verschiedene Arten halten könnte. Der durchschnittliche heimische Käfer ist jedoch nicht so stattlich, sondern nur 2,5 bis 3 mm groß und schwarzbraun gefärbt.

Auch in unseren Breitengraden gibt es erstaunliche Käferarten mit wahren Superkräften. Zum Beispiel die Leuchtkäfer (Lampyridae), im Volksmund Glühwürmchen genannt. Dieser Name rührt daher, dass die Weibchen flugunfähig sind und eine „wurmartige" Gestalt aufweisen. Durch eine chemische Reaktion von Proteinen, Enzymen und Sauerstoff erzeugen sie ein grünliches Leuchten, um Partner anzulocken. Die Substanz, die diese Biolumineszenz erzeugt, heißt Luciferin. Eine Carbonsäure, deren Name aus dem Lateinischen stammt und sich aus den Wörtern „lux" für Licht und „facere" für machen zusammensetzt. Dabei werden 98 Prozent der Energie in Leuchtkraft umgewandelt – ein enormer Wirkungsgrad, von dem Menschen im Ingenieurwesen nur träumen können. Wenn man in unseren Gefilden ein leuchtendes, fliegendes Glühwürmchen sieht, handelt es sich immer um das Männchen des Kleinen Leuchtkäfers (*Lamprohiza splendidula*), der als einzige der drei einheimischen Arten sowohl fliegen als auch leuchten kann.

Schnellkäfer (Elateridae) wie der heimische Feuerschmied (*Elater ferrugineus*) haben einen ganz besonderen Mechanismus, um sich aus ungünstigen Rückenlagen zu befreien und so Fressfeinden zu entkommen. Mit kräftigen Muskeln verkeilen sie ihre oberen und unteren Panzerplatten ineinander. Erreicht der Druck eine bestimmte Spannung, können sie diese Verkeilung durch einen ausgeklügelten Mechanismus schlagartig lösen. Wie ein Katapult schießen sie dann plötzlich bis zu 60 Zentimeter in die Höhe.

Der Große Bombardierkäfer (*Brachinus crepitans*) verfügt über einen einzigartigen Abwehrmechanismus. Er produziert Wasserstoffperoxid und Hydrochinon, die einzeln harmlos sind, zusammen jedoch eine hoch explosive Wirkung entfalten. Die Stoffe befinden sich in verschiedenen Kammern seines Hinterleibs. Nur bei Bedarf werden sie in eine gemeinsame Kammer geleitet. Wird der kleine Käfer als vermeintlich leichte Beute angegriffen, zündet er seine erstaunliche „Waffe". Enzyme lösen eine Kettenreaktion aus, bei der toxisches Benzochinon entsteht. Mit einem Explosionsknall kommt es zu einer blitzartigen Verdampfung und ein bis zu hundert Grad heißer Chemikaliencocktail schießt aus dem Hinterleib.

② Besonders kleine Käfer besitzen oft speziell geformte Chitinpanzer, um ihre Extremitäten vor Angreifern zu schützen. So kann der Nagekäfer (*Hadrobregmus denticollis*) seinen Kopf in den Halsschild zurückziehen und seine Fühler nach unten in eine entsprechende Grube stecken.

③ Der Braunwurz-Blütenkäfer (*Anthrenus scrophulariae*), auch Teppichkäfer genannt, kann seinen Kopf mitsamt den Fühlern in eine passgerechte Vertiefung im Halsschild zurückziehen. In den großen Insektensammlungen der Museen ist er ein gefürchteter Besucher. Seine Larven können sich durch ganze Insektenkästen fressen und so wertvolle Sammlungen zerstören.

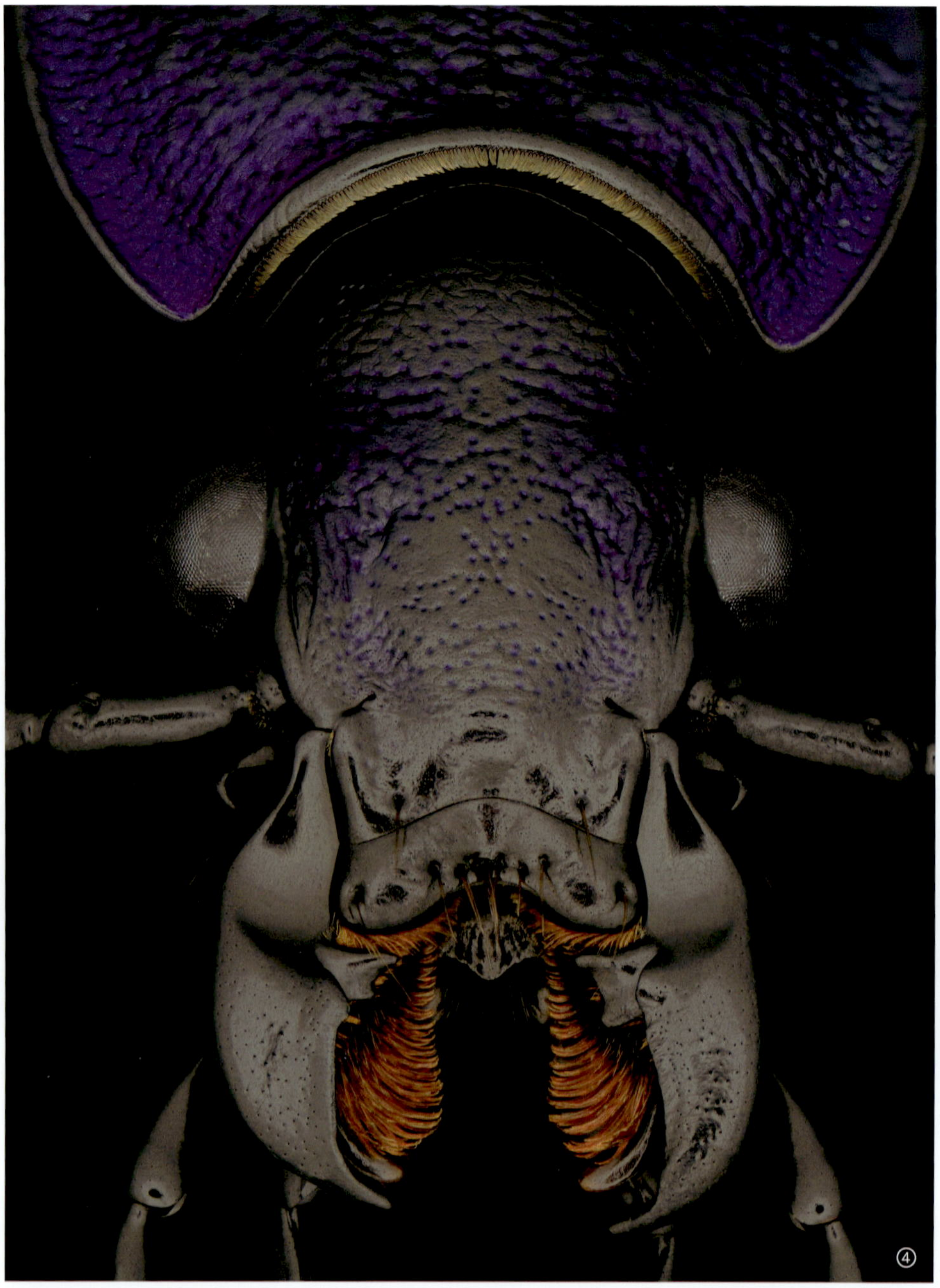

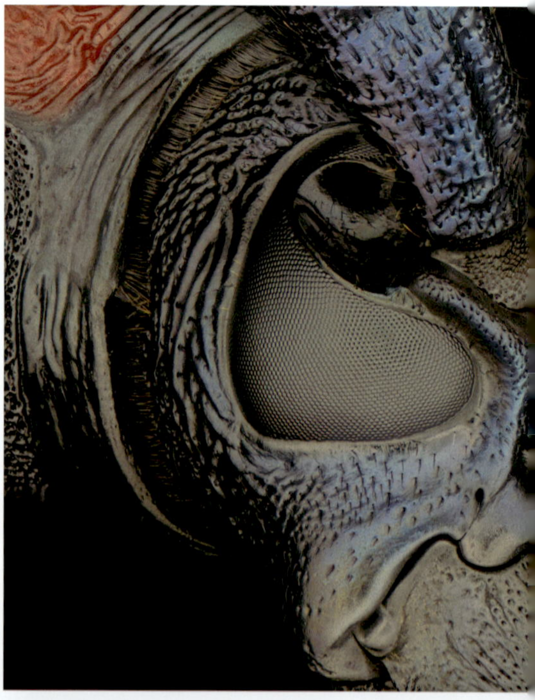

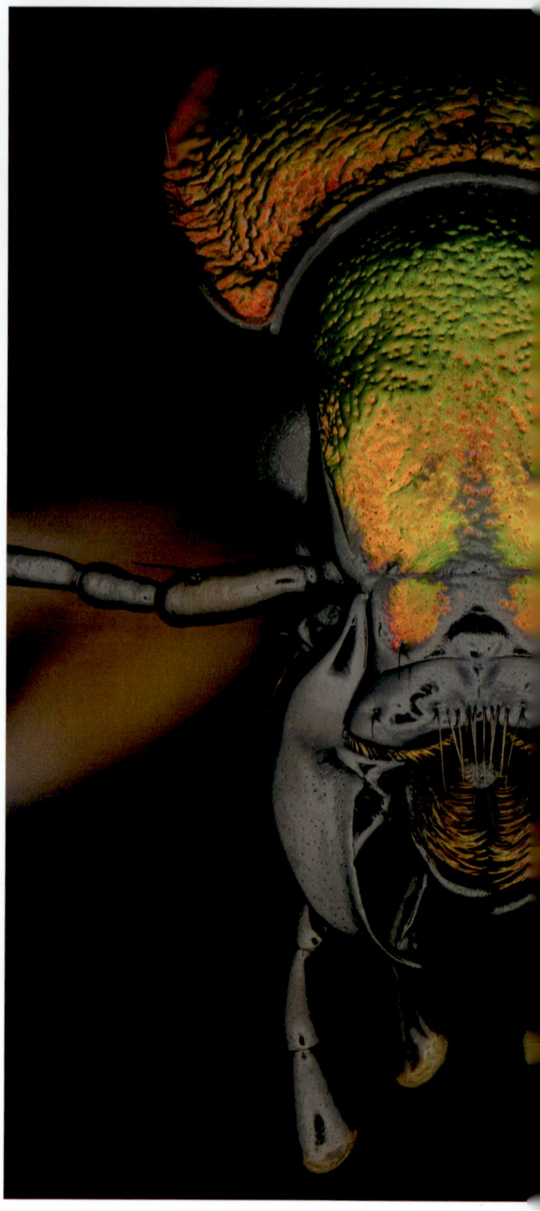

④ Der Blauviolette Waldlaufkäfer (*Carabus problematicus*) ist ein waldliebender Laufkäfer, der in der Dämmerung aktiv wird und Schnecken sowie Würmer erbeutet. Bei seinen Beutezügen kann man ihn häufig an Baumstämmen emporklettern sehen.

⑤ Der Asiatische Moschusbockkäfer (*Aromia bungii*), kurz auch AMB genannt, ist ein Neozoon. Er wurde in Deutschland erstmals 2011 in Bayern nachgewiesen und vermutlich mit Verpackungsholz aus China eingeschleppt.

⑥ Der Goldglänzende Laufkäfer (*Carabus auronitens*) gehört zur Untergattung *Chrysocarabus*, deren Arten auf Europa beschränkt sind und alle stark glänzen. Neben den meist metallisch-grünen Färbungen kommen selten auch rötliche Exemplare vor.

⑦ Der heimische Moschusbock (*Aromia moschata*) verdankt seinen Namen dem stark nach Moschus riechenden Sekret, das er aus speziellen Drüsen absondern kann. Früher wurde dieses Sekret zum Parfümieren von Pfeifentabak verwendet.

⑧ Der Hainlaufkäfer (*Carabus nemoralis*) ist eine ausgesprochene Frühlingsart, die schon zeitig im Jahr unterwegs ist. Er jagt vor allem Schmetterlingsraupen und reguliert so die Bestände einiger Waldarten.

⑤

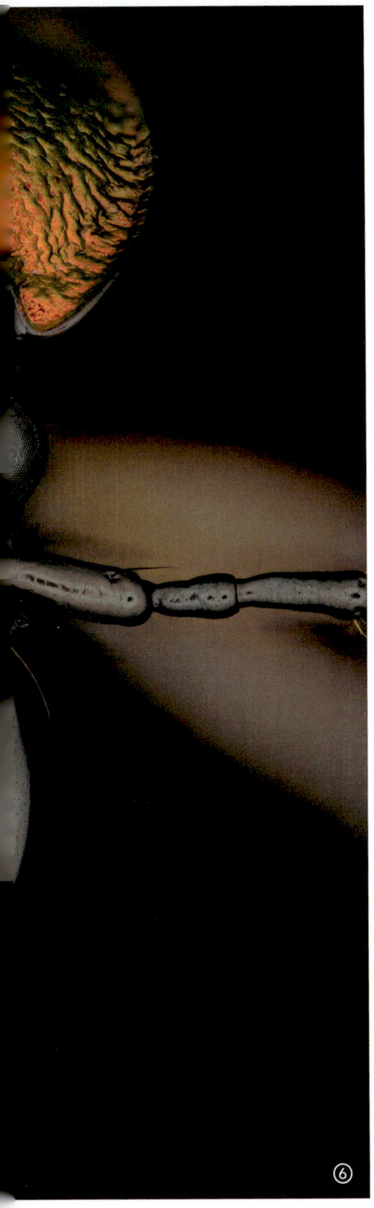
⑥

⑦

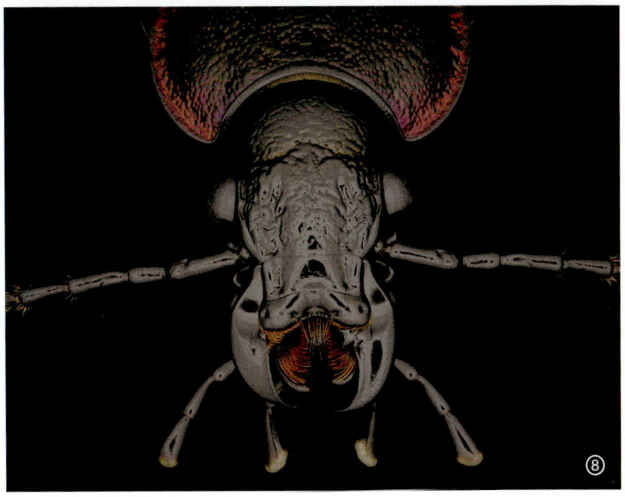
⑧

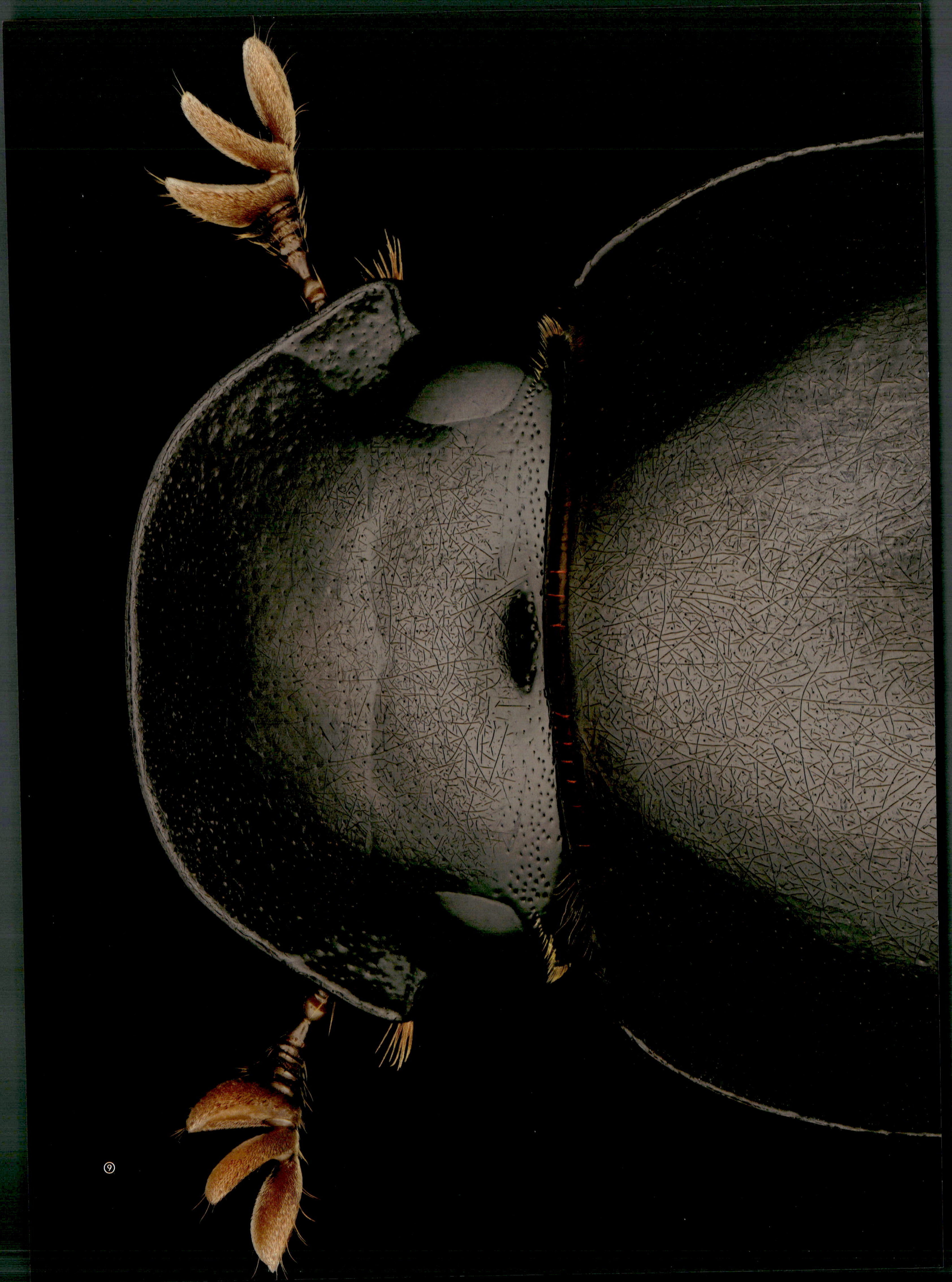

9

⑨ Rotfuß (*Acrossus rufipes*), eine Dungkäferart aus der Familie der Blatthornkäfer, dorsale Ansicht von Kopf und Halsschild
⑩ Rotfuß, ventrale Ansicht von Kopf und Halsschild. Die Kiefertaster sind eng angelegt.

⑪ Balkenschröter (*Dorcus parallelipipedus*). Feine goldene Haare schützen den Zwischenraum der Körpersegmente Kopf und Brust.

⑫ Unterseite eines Balkenschröters. Alle Gelenke und beweglichen Körperteile sind mit Härchen versehen, welche das Eindringen von Staub und Schmutz verhindern.

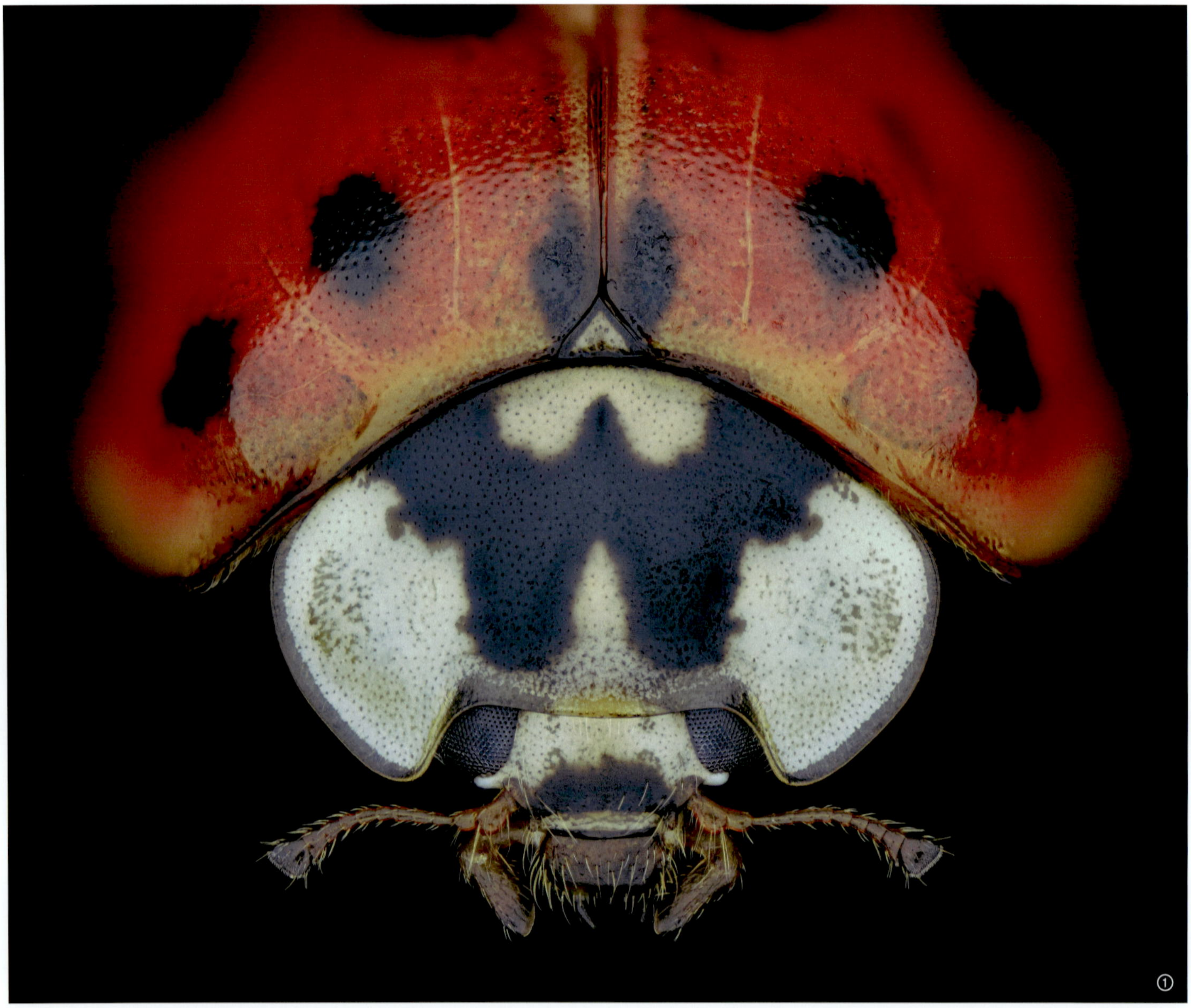

① Asiatischer Marienkäfer (*Harmonia axyridis*)
② Fliegender Siebenpunkt-Marienkäfer (*Coccinella septempunctata*)

②

Die Familie der Marienkäfer

(Coccinellidae)

In Deutschland kann man 85 verschiedene Marienkäferarten antreffen. Der Siebenpunkt-Marienkäfer (*Coccinella septempunctata*) ist in unseren Breiten der häufigste Vertreter. In vielen Kulturen gilt die Sieben als Glückszahl, weshalb der Siebenpunkt-Marienkäfer als Glücksbringer gilt. Der Name Marienkäfer leitet sich von der Heiligen Jungfrau Maria ab. Denn früher glaubte man, dass die segensreichen Käfer in ihrem Auftrag Schädlinge vertilgen.

Marienkäfer sind in der Tat äußerst wirksame Gegenspieler von landwirtschaftlichen „Schädlingen" wie Blattläusen, Schildläusen, Mehligen Apfelblattläusen oder Hopfenläusen. Denn Marienkäfer und ihre Larven, die sogenannten Blattlauslöwen, ernähren sich typischerweise von Blattläusen und deren Larven. Aufgrund ihrer Beliebtheit, Häufigkeit und ihres markanten Aussehens gibt es über 1.500 regionale Bezeichnungen für Marienkäfer wie Muttergotteskäfer, Herrgottswürmchen, Jesuskäferlein, Glückskäferle, Sonnenkälbchen oder Himmelmietzchen.

Charakteristisch für die verschiedenen Marienkäferarten sind die symmetrisch angeordneten Punkte auf den Flügeldecken. So gibt es Arten mit 2, 4, 5, 7, 10, 11, 13, 14, 16, 17, 18, 19, 22 und 24 Punkten. Ein und dieselbe Art kann jedoch in unzähligen Farb- und Zeichnungsvarianten auftreten, was die Bestimmung erschwert. Der Vierundzwanzigpunkt-Marienkäfer (*Subcoccinella vigintiquatuorpunctata*) kommt beispielsweise in über 4.000 gezählten Varianten vor. Der Zweipunkt-Marienkäfer (*Adalia bipunctata*) ist manchmal rot mit schwarzen Punkten, manchmal schwarz mit roten Punkten und manchmal ganz schwarz ohne Punkte.

Die Kugelform der Marienkäfer ist an sich schon eine Art Schutzschild gegen kleinere Fressfeinde. Hornissen zum Beispiel haben große Schwierigkeiten, sie zu fangen, sie rutschen mit ihren Mandibeln immer wieder an der Kugelform ab und finden keinen Halt. Gegen größere Fressfeinde haben Marienkäfer einen anderen Schutzmechanismus: Sie stellen sich tot und sondern durch Poren an den Gelenkhäuten der Beine Hämolymphe ab. Diese gelbe Flüssigkeit, auch Reflexblutung genannt, ist sehr bitter und riecht übel – sie verdirbt den meisten Fressfeinden den Appetit auf Marienkäfer. Zusammen mit der roten Farbe ergibt sich ein sehr starkes Warnsignal. Frisst beispielsweise ein Vogel einen Marienkäfer, verbindet er den bitteren Geschmack mit der roten Farbe und meidet ihn.

Marienkäfer und vor allem ihre Larven sind aber auch Kannibalen: Vor allem bei Massenvorkommen fressen sich die Tiere gegenseitig. Die zuerst schlüpfenden Larven fressen regelmäßig ihre noch nicht geschlüpften Artgenossen, wobei oft mehr als die Hälfte der Eier verloren geht. Diese kannibalistische Eigenschaft begünstigt jedoch auch die Verdrängung durch den eingeschleppten Asiatischen Marienkäfer (*Harmonia axyridis*). Denn frisst ein Asiatischer Marienkäfer einen Einheimischen, übersteht er es unbeschadet. Umgekehrt aber kann dies den heimischen Arten zum Verhängnis werden. Denn im Blut des Asiatischen Marienkäfers befinden sich viele Parasiten. Ähnlich wie bei Fledermäusen hat der Asiatische Marienkäfer einen Weg gefunden, wie sein Immunsystem damit umgehen kann. Eine Substanz namens Harmonin macht ihn immun.

Seit den 1980er Jahren werden Asiatische Marienkäfer auch bei uns großflächig zur biologischen Schädlingsbekämpfung eingesetzt. Sie vertilgen bis zu fünfmal mehr Blattläuse als einheimische Arten. Zudem sind sie in ihrer Entwicklung schneller und bilden nicht wie der heimische Marienkäfer nur eine, sondern zwei bis vier Generationen pro Jahr.

Auf der Suche nach einem geeigneten Überwinterungsplatz sieht man im Herbst oft Massenansammlungen von Marienkäfern an Hauswänden. Meist überwintern sie jedoch in großen Gruppen unter Baumrinde, Laub, Moos oder in Felsspalten. Damit sie dort nicht erfrieren, verfügen sie wie einige andere Insekten über ein körpereigenes Frostschutzmittel. Nach der Überwinterung beginnen die Marienkäferpaare mit der Paarung. Diese kann bis zu 18 Stunden dauern.

④

⑤

③

⑥

③ Asiatischer Marienkäfer
④ Gelege eines Marienkäfers auf einem Blatt
⑤ Schlüpfende Larven
⑥ Frisch geschlüpfte Larven des Asiatischen Marienkäfers

⑦

⑧

⑦–⑧ Hier die Larve des Siebenpunkt-Marienkäfers, welche auch Blattlauslöwe genannt wird. Im Laufe ihrer Entwicklung frisst sie bis zu 400 Blattläuse.

⑨

⑩

⑨ Kurz vor der letzten Häutung heftet sich die Larve mit dem Hinterende an ein Blatt.
⑩ Die Larve streift ihre letzte Haut nach hinten ab. Zum Vorschein kommt die hell gefärbte Puppe.
⑪ Nach einigen Stunden ist die Puppe ausgehärtet und dunkel gefärbt. Nach 5–6 Tagen schlüpft der adulte Marienkäfer.

⑪

1

① Grünrüssler (*Phyllobius* sp.)
② Gewöhnlicher Eichelbohrer (*Curculio glandium*)

②

Die Familie der Rüsselkäfer

(Curculionidae)

Mit 51.000 Rüsselkäferarten, das sind etwa 13 % aller beschriebenen Käferarten, ist jeder achte Käfer ein Rüsselkäfer. Setzt man diese Zahl ins Verhältnis zu allen anderen beschriebenen Arten, so ist jede 40. Tier- oder Pflanzenart ein Rüsselkäfer. Damit sind die Rüsselkäfer eine der artenreichsten Familien aller Lebewesen. Zum Vergleich: Weltweit gibt es insgesamt etwa 54.000 Wirbeltierarten. Damit sind etwa so viele Rüsselkäferarten beschrieben wie Säugetiere, Fische, Amphibien, Reptilien und Vögel zusammen. Doch wie viele Rüsselkäfer es tatsächlich gibt, lässt sich nicht einmal mit Sicherheit sagen. Schätzungen gehen sogar von etwa 200.000 Arten aus.

Auch bei uns sind die Rüsselkäfer mit etwa 900 in Deutschland nachgewiesenen Arten sehr vielfältig. Sie sind somit nach den Kurzflüglern die zweitartenreichste heimische Käferfamilie. Die Rüsselkäfer Mitteleuropas sind allesamt Pflanzenfresser, wobei viele Arten auf Totholz angewiesen sind. Namensgebend ist der oft langgestreckte Kopf, an dessen Ende sich kein Saugrüssel, sondern Beißwerkzeuge befinden. Übertragen auf Säugetiere sind sie daher morphologisch eher mit Ameisenbären als mit Elefanten zu vergleichen. Der Rüssel muss aber nicht immer lang und auffällig sein. Während er bei einigen Arten der Gattung *Curculio* bei den Weibchen fast körperlang sein kann, gibt es andere Rüsselkäfer mit extrem kurzen, abgestumpften Rüsseln, die kaum als solche wahrgenommen werden. Rüsselkäfer kommen bei uns von der Küste bis in die alpine Stufe vor. Eine ganze Reihe von Arten lebt übrigens im Wasser, z.B. der Tausendblattrüsselkäfer (*Eubrychius velutus*) auf dem Tausendblatt. Für seine Entwicklung vom Ei bis zum fertigen Käfer benötigt er lediglich 23 Tage. Die im aquatischen Milieu lebenden Rüsselkäfer der Gattung *Bagous* verraten uns sogar, wie es um die Qualität und die Habitatausstattung der Gewässer bestellt ist, in denen sie leben. Und selbst die Rüsselkäfer, die so mancher Gärtnerin oder manchem Gärtner ein Dorn im Auge sind, die Dickmaulrüssler der Gattung *Otiorhynchus*, haben eine faszinierende Strategie der Jungfernzeugung (auch Parthenogenese genannt) entwickelt: Sie benötigen keine Männchen, sondern bringen aus unbefruchteten Eizellen genetisch identische Weibchen hervor. Auslöser dieser Besonderheit sind vermutlich Bakterien der Gattung *Wolbachia*, die in den Geschlechtszellen der Rüssler leben.

Auch die Borkenkäfer (Scolytinae) gehören nach heutiger Auffassung zu den Rüsselkäfern. 114 verschiedene Borkenkäferarten leben in Deutschland. Während sie ausschließlich durch die Holzwirtschaft einen schlechten Ruf haben, führen nur wenige Arten überhaupt zu forstwirtschaftlichen Konflikten. Und diese befallen niemals gesunde Bäume, sondern lediglich maximal geschwächte Individuen. Sie sind sozusagen nur der letzte Sargnagel einer menschlichen Ignoranz gegenüber wissenschaftlichen Fakten in Form von forstwirtschaftlichem Missmanagement. Die Borkenkäfer sind ein gutes Beispiel dafür, wie die Artenvielfalt unter dem menschlichen Interesse und der Fokussierung auf einige wenige Arten leidet und die tatsächliche Vielfalt als Ganzes ausblendet. Viele rindenbrütende Arten kümmern sich fürsorglich um ihren Nachwuchs und schützen ihre Eier und Larven durch regelrechte Brutpflege. In naturnahen Wäldern sorgen Borkenkäfer als frühe Holzbesiedler dafür, dass Nährstoffe für Pilze und andere Insekten zugänglich werden. So gelangt die wichtige Nahrung als Lebensgrundlage vieler Organismen durch Borkenkäfer schneller in den Stoffkreislauf des Waldes. Übrigens gibt es nicht nur Borkenkäfer, die sich auf Holz entwickeln – einige Arten leben wie andere Rüsselkäfer auf krautigen Pflanzen wie Wolfsmilch, Taubnessel oder Klee.

③ Würfelfleckiger Staubrüssler (*Liophloeus tessulatus*)
④ Seidiger Glanzrüssler (*Polydrusus formosus*)

③

④

⑤

⑤ Nahaufnahme des Komplexauges eines Seidigen Glanzrüsslers
⑥ Nahaufnahme des Komplexauges eines Gewöhnlichen Eichelbohrers

⑥

① Dünen-Sandlaufkäfer (*Cicindela hybrida*) haben in ihrer typischen Ansitzhaltung eine nahezu komplette Rundumsicht.

Dünen-Sandlaufkäfer

Cicindela hybrida

In Deutschland existieren sieben verschiedene Arten aus der Familie der Sandlaufkäfer. Sie sind sonnenliebende Beutegreifer und zeichnen sich durch ihre extrem schnelle Fortbewegung aus. Aufgrund ihres raubtierartigen Wesens nennt man sie im Englischen „tiger beetles“. Ihre ebenfalls räuberisch lebenden Larven bewohnen selbstgegrabene Röhren im Boden. Die bei uns am häufigsten vorkommenden Arten sind der Dünen-Sandlaufkäfer (*Cicindela hybrida*) und der Feldsandlaufkäfer (*Cicindela campestris*). Alle anderen Arten sind heutzutage sehr selten geworden und gelten bundesweit als gefährdet bis zu vom Aussterben bedroht.

Die gerade einmal 10–15 mm langen Dünen-Sandlaufkäfer sind die Supersprinter unter den heimischen Insekten. Sie schaffen es, in einer Sekunde das 120-fache ihrer eigener Körperlänge zu rennen. Übertragen auf uns Menschen müssten wir einen Hundertmeter-Sprint in unter einer halben Sekunde absolvieren, beziehungsweise so schnell sein wie ein Flugzeug, an die 1.000 Kilometer pro Stunde. Möglich ist so eine unglaublich hohe Geschwindigkeit dank seiner dünnen, langen Beine und seinen spikeartigen Füße. Seine „Fußstapfen“ sind winzig im Vergleich zu seiner Körper größe. So wird zum einen die Reibung minimiert, zum anderen kommt er so kaum in Kontakt mit dem Boden, der in seinem Lebensraum mitunter sehr heiß werden kann. Denn wie sein Name schon verrät, bewohnt er offene Sandböden auf Dünen, Flugsandfeldern, Flussufern, aber auch sandige Flächen, die durch Menschen geschaffen worden sind, wie Sandwege, Sandgruben oder auch Sandkästen. Hier bieten ihm seine sehr langen Beine einen weiteren raffinierten Vorteil: Der Käfer bildet bei Hitze eine Art automatische „Luftglocke“ unter seinem Körper, die durch den eigenen Schatten mehrere Grad abkühlt und sich so von der Umgebungstemperatur deutlich abhebt. Und er besitzt noch eine weitere erstaunliche Anpassung: Seine Oberfläche reflektiert das auftreffende Sonnenlicht wie winzige Spiegel, sodass das Tier grundsätzlich kühler ist als Oberflächen, die Lichtenergie absorbieren. Dank all dieser Anpassungen kann er selbst zur prallen Mittagssonne auf offenen Sandflächen jagen und besitzt mit dem Erschließen dieser Nische einen Konkurrenzvorteil gegenüber anderen Insektenarten. Seine Mundwerkzeuge sind riesig, machen rund zehn Prozent seiner Körperlänge aus. Sie sind so kraftvoll und scharfzahnig, dass er seine Opfer damit durch wenige Bisse in zwei Hälften teilen kann. Andere Insekten in einer Größe von 3 mm stellen seine bevorzugte Beute dar. Dabei reagiert er sowohl auf bewegte als auch auf ruhende Objekte und verlässt sich im wesentlichen auf seinen optischen Sinn. Die anvisierte Beute rennt der schnelle Käfer übrigens erst mal einfach über den Haufen. Denn der kleine Sandflitzer rennt mitunter so schnell, dass seine visuelle Wahrnehmung nicht mehr funktioniert: Die Bilder verschwimmen, da seine Augen nicht mehr ausreichend Licht aufnehmen können. Aufgrund dessen muss er bei seinen Sprints immer wieder kurze Zwischenstopps einlegen, um sich orientieren zu können, wo er sich überhaupt gerade befindet und wo etwa seine potenzielle Beute abgeblieben ist. Damit er aber nicht gegen Objekte wie umherliegende Steine prallt, benutzt er seine Fühler als sensorische Präzisionsinstrumente. Jedes Mal, wenn seine sensiblen Antennen Hindernisse berühren, kann er diese dank äußerst schnellem Reaktionsvermögens sicher überspringen. Sein Sehsinn ist während des Rennens nicht vonnöten, wie Experimente beweisen, bei denen er trotz abgedeckter Augen alle Hindernisse übersprang.

Die Paarung der Sandlaufkäfer geht recht pragmatisch ohne Balz von statten. Dabei werden weibliche Käfer von den Männchen angesprungen, mit den Mundwerkzeugen von hinten gepackt und mit den ersten Beinpaaren fest umklammert. Die befruchteten Eier werden von den Weibchen einzeln in kleine freigedrückte Mulden gelegt und anschließend zugescharrt. Nach 2–4 Wochen schlüpfen die Larven und graben einen Tunnel. Denn auch sie sind ambitionierte Jäger. Ihre Sandröhren können bis zu fünfzig Zentimeter tief sein. Nur ihr abgeflachter Kopf lugt heraus. Wie ein Deckel schließt er mit der Öffnung der Röhre perfekt ab und füllt diese komplett aus. So ist die Larve optimal getarnt und quasi unsichtbar. Mit ihren kräftigen Mundwerkzeugen schnappen sie nach allem innerhalb ihres Beutespektrums, was sich der Höhle bis auf vier Zentimeter nähert. Sollten sie außerhalb ihres Baus selber mal angegriffen werden, haben sie noch einen artistischen Verteidigungstrick auf Lager: Sie krümmen ihren Körper nach hinten und schnellen mit einem Rückwärtssalto davon.

Doch auch der Sandlaufkäfer hat spezifische Fressfeinde: Die Rollwespe (*Methocha ichneumonides*) hat es auf seine Larven abgesehen. Die flugunfähigen Rollwespenweibchen nähern sich den Wohnröhren der Larven, lassen sich zunächst fangen, entkommen aber aufgrund ihres schlanken Körperbaus den kräftigen Beißwerkzeugen. Die Wespe hüpft nun blitzschnell auf die Kopfhinterseite der Larve, woraufhin diese ihren Kopf nach hinten streckt. Diesen Moment nutzt die Wespe aus und sticht die Larve mehrfach in die nun ungeschützte Brust und Kehle, um sie mit ihrem Gift zu paralysieren. Im Kampf verlassen die Larven meist die Wohnröhre. Die Wespe zieht sie jedoch wieder tief in die Röhre zurück, legt ein Ei auf sie und verschließt die Öffnung mit kleinen Steinchen. Die Sandlaufkäferlarve wird bei lebendigem Leibe gefressen, zunächst nur ihre Hämolymphe, später das ganze Tier. Im Folgejahr schlüpft eine neue Wespe.

③

② Porträt eines Dünen-Sandlaufkäfers. Mit seinen kräftigen Mundwerkzeugen (Mandibeln) kann er bei der Jagd seine Beute greifen, aber auch zerteilen.

③ Bei Gefahr kann der Dünen-Sandlaufkäfer schnell auffliegen und einige Meter zurücklegen.

④–⑥ Nahaufnahmen der Deckflügel eines Dünen-Sandlaufkäfers in den Vergrößerungen 20, 40 und 60:1. Obwohl der Käfer für uns aus der Ferne braun erscheint, offenbart sich seine Farbenpracht erst bei näherer Betrachtung. Eine perfekte Mischung der Interferenzfarben ergibt den für unsere Augen gedeckten Braunton.

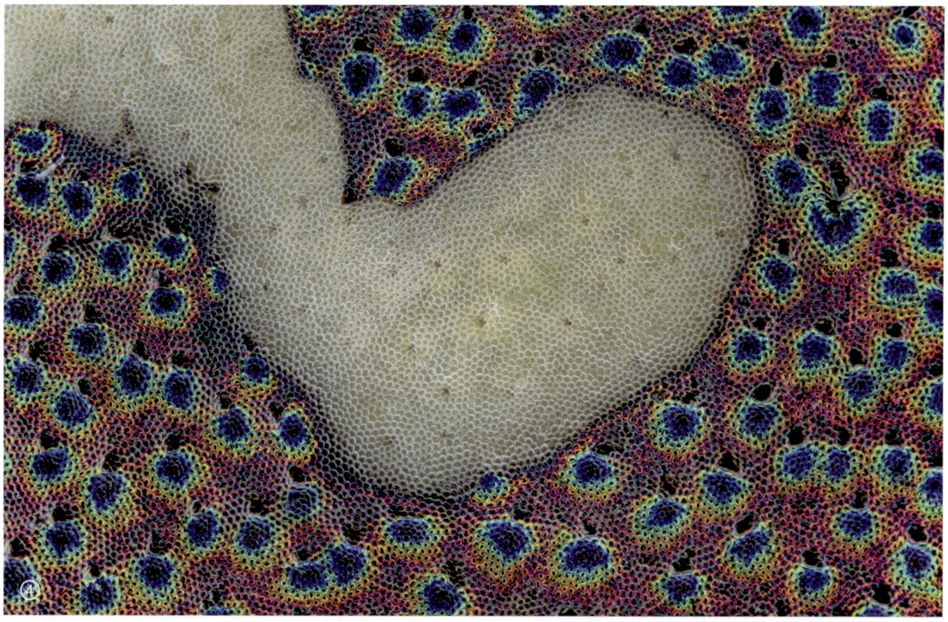
④

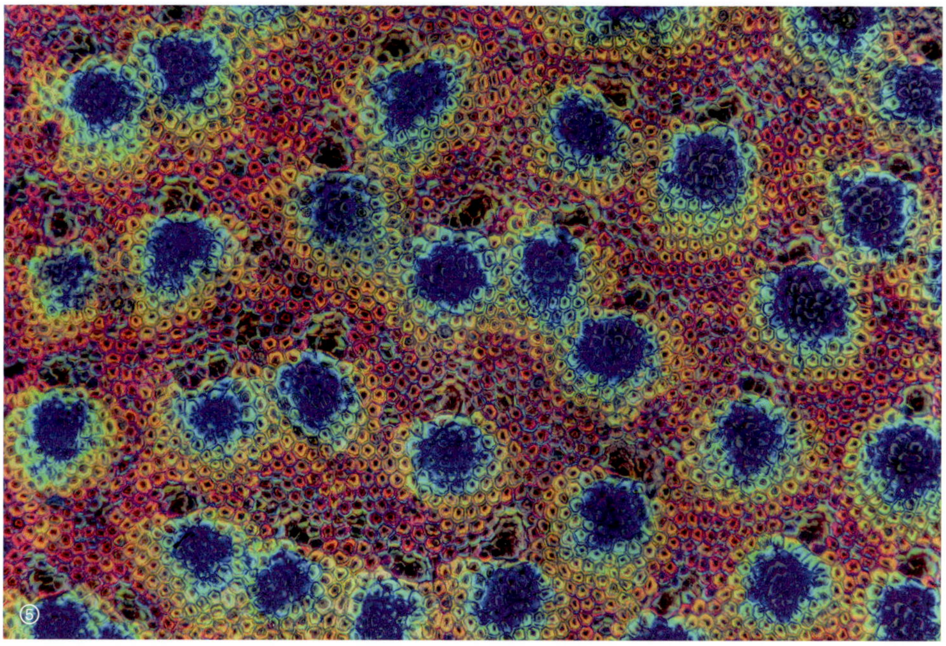
⑤

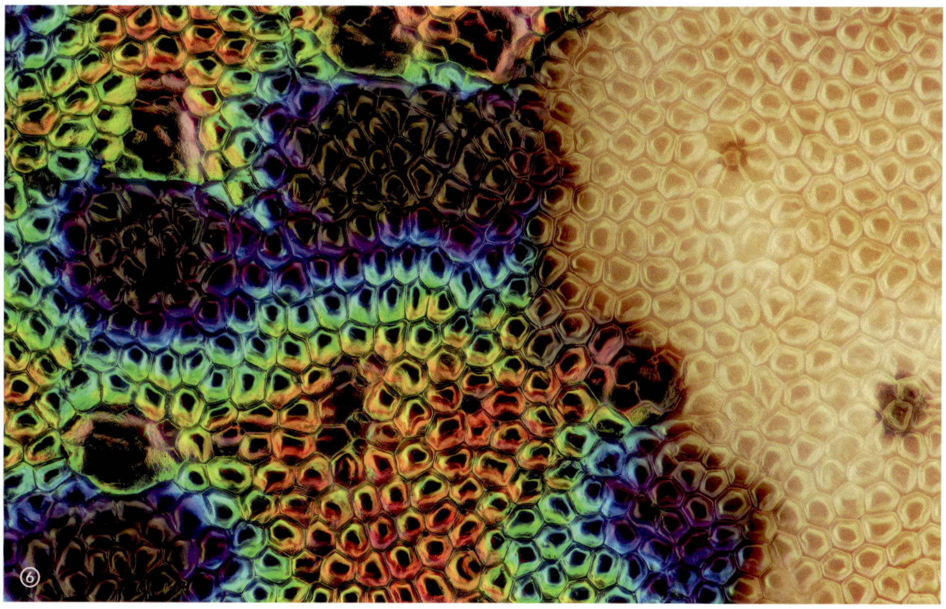
⑥

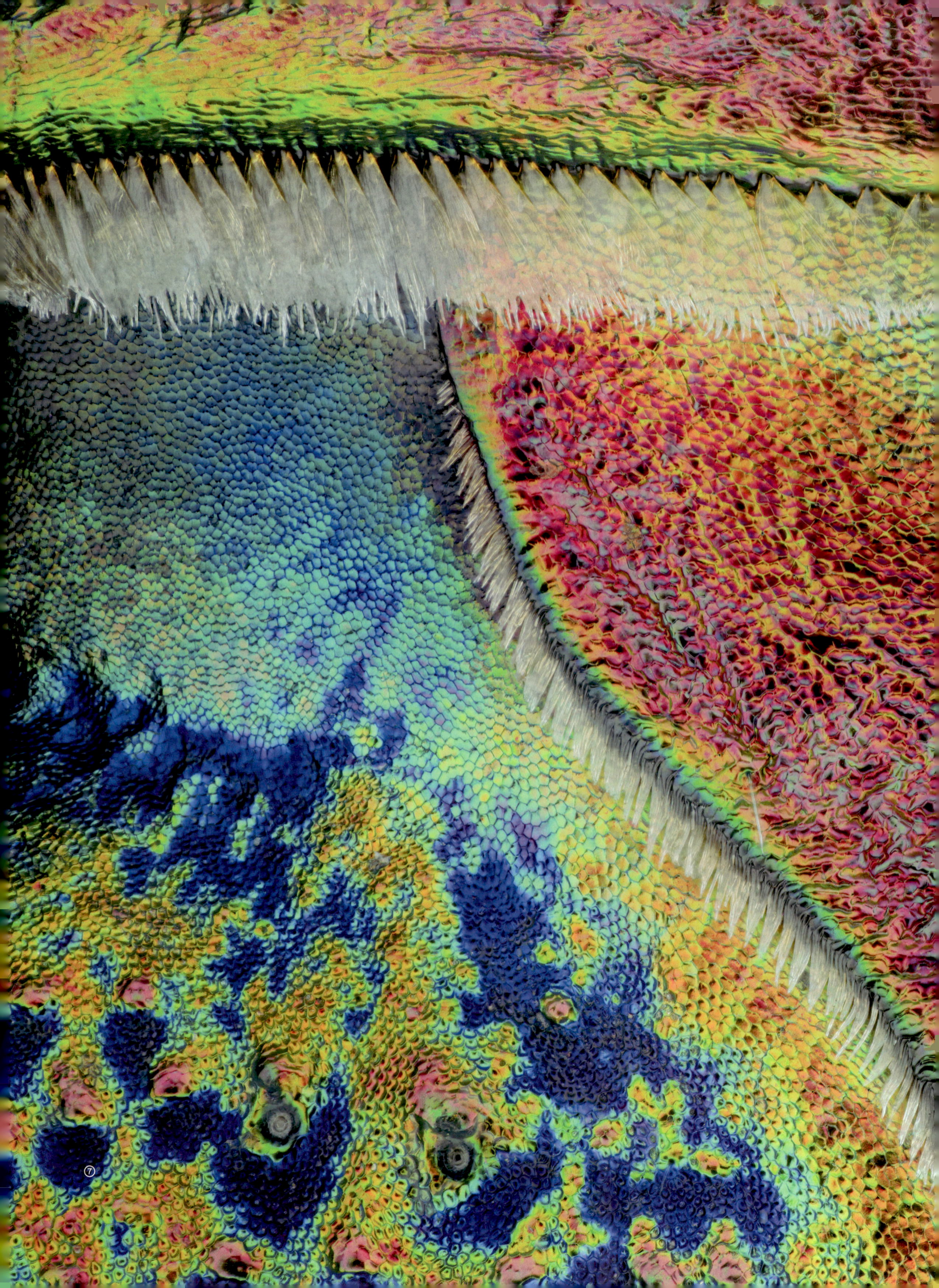
7

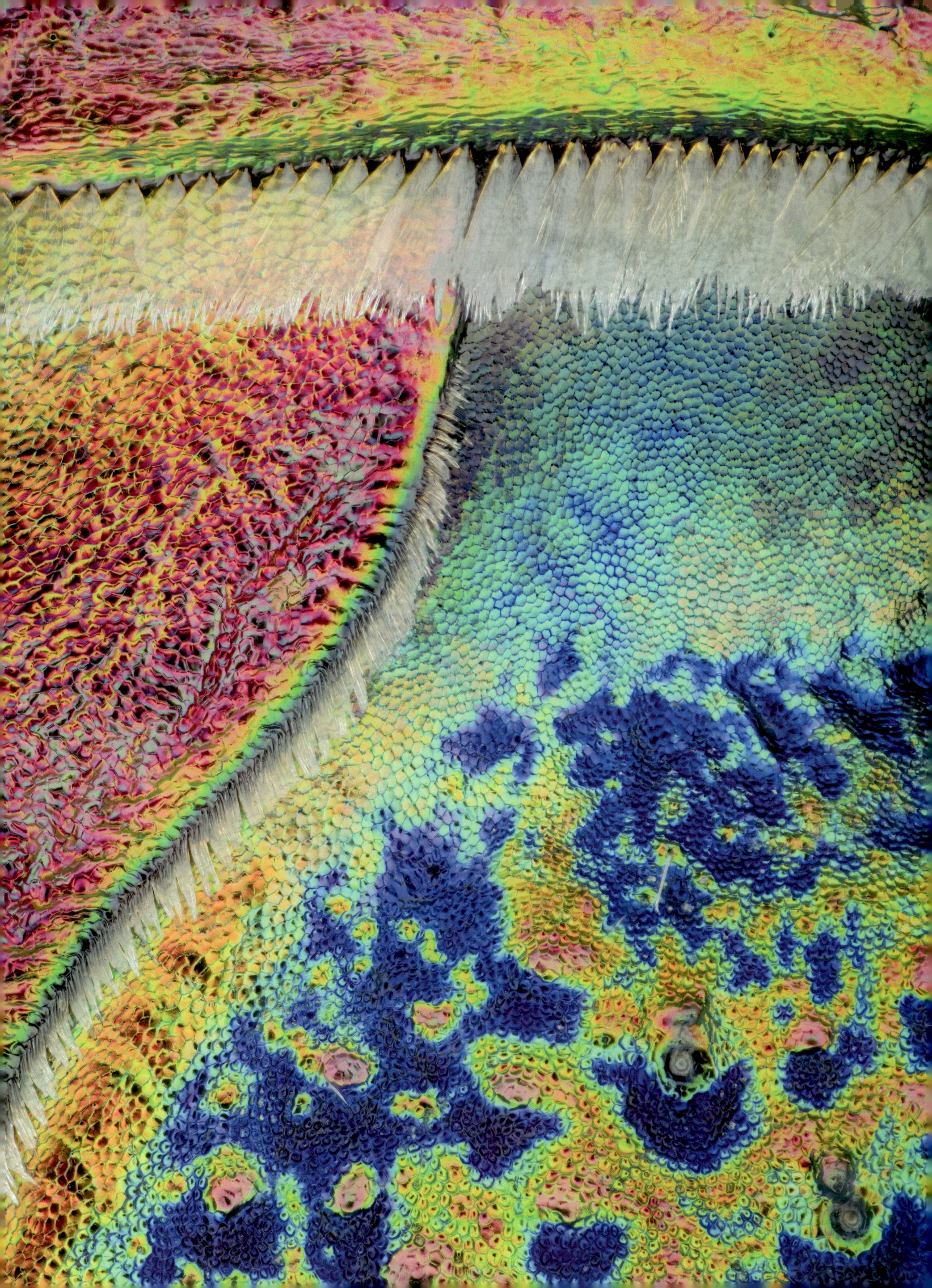

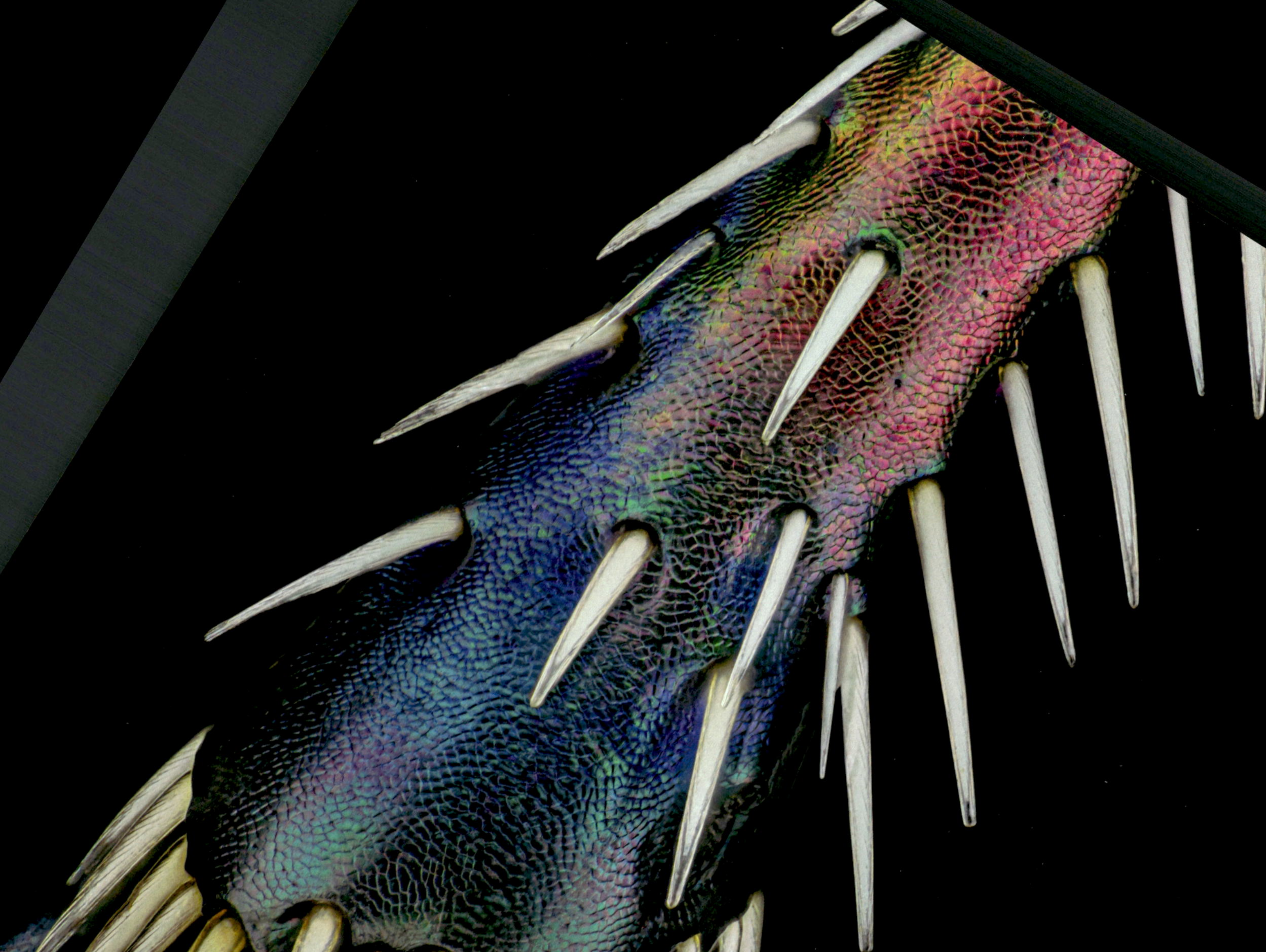

⑦ Nahezu alle Käferarten besitzen an der Basis der Deckflügel ein Scutellum. Dieses sogenannte Schildchen ist bei größeren Käfern meist schon mit bloßem Auge gut zu erkennen.
⑧ Gelenk des Vorderbeins eines Dünen-Sandlaufkäfers im Maßstab 20:1
⑨ Die dünnen und langen Beine ermöglichen eine hohe Laufgeschwindigkeit. Gleichzeitig sorgen sie für einen minimalen Kontakt mit dem heißen Sandboden auf kleinster Fläche.

⑨

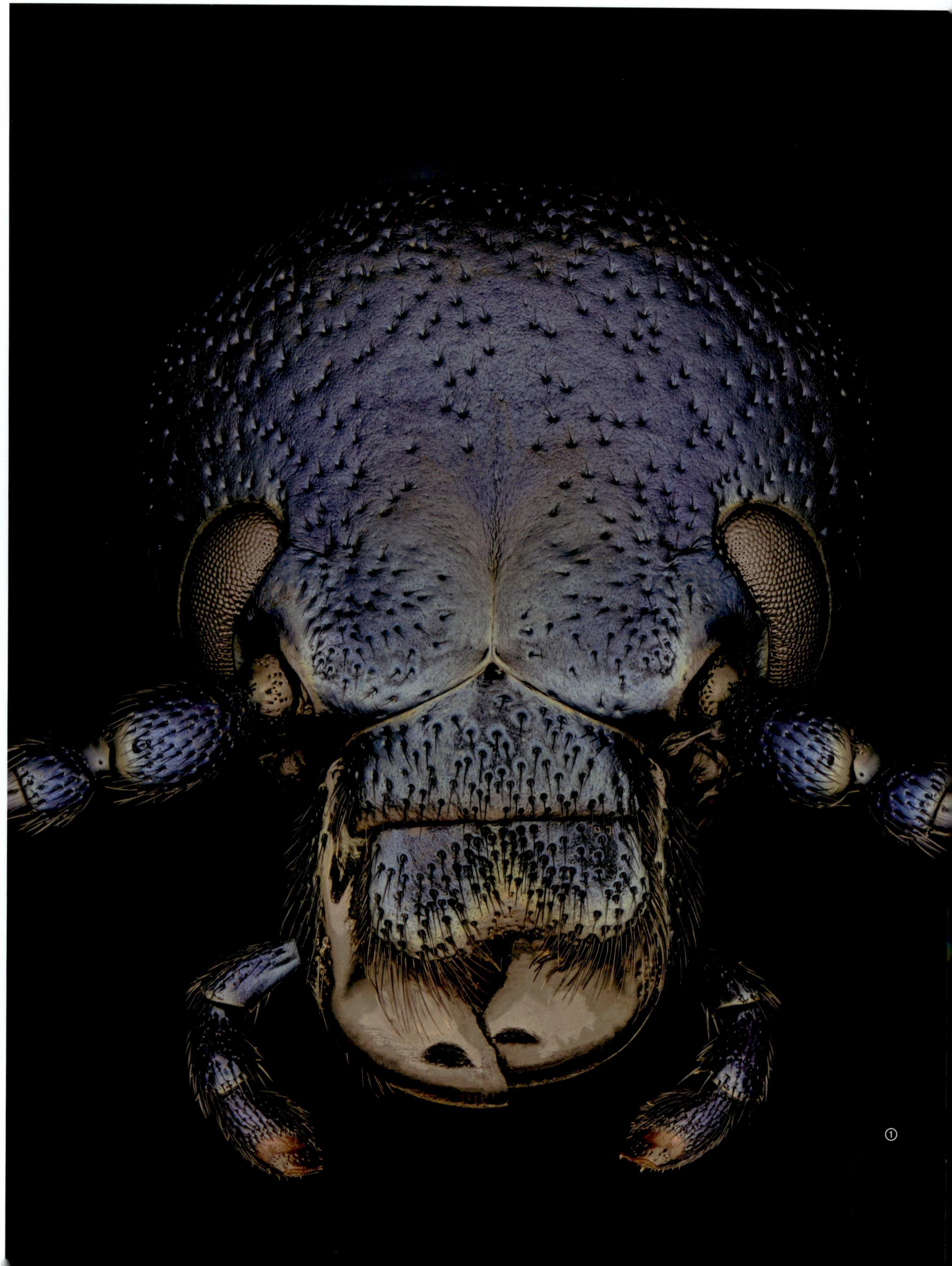
①

Violetter Ölkäfer

Meloe violaceus

②

In Mitteleuropa existieren zwar 20 Arten aus der Familie der Ölkäfer, trifft man aber in unseren Gefilden einen an, ist es mit hoher Wahrscheinlichkeit der Schwarzblaue Ölkäfer (*Meloe proscarabaeus*) oder der Violette Ölkäfer (*Meloe violaceus*). Ihren Namen verdanken Ölkäfer öligen Tröpfchen, die sie bei Bedrohung aus den Kniegelenken austreten lassen können. Diese Abwehrstrategie nennt sich Reflexbluten. Die über Drüsen abgegebene Hämolymphe enthält auch einen Wirkstoff namens Cantharidin: ein für Warmblüter hochgradig wirksames Gift.

Hingegen vieler Medienberichte sollte man bei der Sichtung eines Ölkäfers jedoch nicht in Panik verfallen: Bislang sind keine gefährlichen Vergiftungen von Menschen oder Haustieren bekannt. In Honig gerührt, wurde Cantharidin sogar in der Antike als Liebestrank verabreicht, da es sich positiv auf die Potenz auswirken soll. Noch vor 120 Jahren wurden getrocknete Ölkäfer in Gläschen als Aphrodisiakum in unseren Apotheken verkauft. Auch heute gibt es noch Präparate in homöopathischen Dosen, die als „Spanische Fliege" (*Lytta vesicatoria*), einer weiteren Ölkäferart, verkauft werden. Der überlieferte Name „Pflasterkäfer" weist auf die Nutzung des Käfers als medizinisches Pflaster hin, die Bezeichnung „Pissekäfer" auf eine harntreibende Wirkung des konsumierten Insekts.

Das Gift wird bei der Kopulation auch vom Männchen als „Hochzeitsgeschenk" an das Weibchen übertragen. Diese lassen nur solche Männchen zur Paarung zu, die in ihren Anhangsdrüsen auch reichlich Cantharidin besitzen. Die Weibchen prüfen während der Balz den Cantharidingehalt gar durch einen Biss in eine Drüse an den Flügeldecken des Männchens. Durch die Weitergabe an die Eier und Larven dient das Cantharidin dem Schutz der Entwicklungsstadien vor räuberischen Feinden. Vor allem die Eier weisen einen sehr hohen Cantharidin-Gehalt auf. Aber auch einige andere Käfer-, Wanzen- und Gnitzenarten können geringe Dosen des Giftes aufnehmen und sich so gegen Fressfeinde wappnen. Sie suchen gezielt tote oder lebende Ölkäfer und ihre Ausscheidungen auf.

Eine weitere, volkstümliche Bezeichnung für Ölkäfer ist Maiwurm. Diese Bezeichnung rührt zum einen daher, dass man die adulten Käfer am häufigsten im Mai, meist von April bis Juni, beobachten kann. Zum anderen aufgrund des langgezogenen, wurmartigen Erscheinungsbildes der flugunfähigen Käfer. Die Weibchen sind im Schnitt immer größer. Wie lang und prall die Abdomen gefüllt sind, ist von der zu sich genommenen Nahrung und der Anzahl der gebildeten Eier abhängig. Ganz frisch geschlüpfte Tiere haben ein kurzes Abdomen. Später sind gar einzelne „klaffende" Segmente am aufgedunsenen Abdomen erkennbar, wie ein Ballon, der gleich platzen könnte. Bis zu unglaublichen 10.000 Eiern können darin heranreifen.

Ölkäfer brauchen zwei Jahre zur Entwicklung und leben dann nur einen Monat als Käfer. Wie bei einer Lotterie entscheidet pures Glück, wer einmal ein Käfer wird. Um das Reproduktionsniveau zu erhalten, müssen die Weibchen solch große Mengen Eier produzieren, genügend Lose in den Lotterietopf einbringen. Denn nur aus einem von tausend Eiern entwickelt sich tatsächlich auch später ein erwachsener Käfer.

Zunächst einmal kommt es aber zu einem komplexen Balzverhalten der Männchen mit intensiver „Antennenbalz". Dazu klettert es auf ein Weibchen und verharrt dort erst mal regungslos bis zu mehreren Minuten. Danach fährt es mit seinen kräftigen Fühlergliedern, die einen auffälligen Knick aufweisen, der Länge nach unter den Fühlern des Weibchens entlang. Dieser Vorgang wird einige Male wiederholt.

Anschließend ergreift das Männchen akkurat das sechste Fühlerglied des Weibchens und zieht daran. Parallel zur sogenannten „Antennation“ fahren Tastorgane des Männchens am Hinterkopf und der Stirn des Weibchens entlang, die Beine und das Abdomen reiben über die Deckflügel und die Genitalspitzen berühren sich – die sogenannte „Palpation“. Bei der Paarung, sobald die Genitalien miteinander verbunden sind, wiederholt sich dieser Vorgang immer wieder, mit Ruhepausen dazwischen. Die Kopplung der Begattungsorgane kann danach viele Stunden andauern, meist werden die Männchen nach kurzer Zeit inaktiv von den größeren Weibchen hinter sich hergezogen, die scheinbar ganz normal weiter ihrem Tagesgeschäft wie Fressen und Putzen nachgehen.

Nach der Paarung vergraben die Weibchen ihre Gelege in kleinen Häufchen in der Erde, wo sie bis ins nächste Frühjahr verweilen. Ein Weibchen kann bis zu sechsmal Tausende Eier ablegen. Jedes Mal von neuem schwillt ihr Hinterleib davor bis zum Platzen an. Aus den Eiern entwickeln sich dann Larven, die man Triungulinen oder Dreiklauer nennt. Benannt sind diese eigentümlich aussehenden Larven nach ihren jeweils drei kräftigen Fußklauen an jedem Bein. Ein Unikum in der Insektenwelt. Diese Klauen sind optimale Werkzeuge, um sich festzuklammern, denn die Triungulinen betreiben Phoresie, nutzen Bienen als „Taxi“, um sich in deren Nestanlagen transportieren zu lassen. Ihr Schlupf aus den Eiern ist genau getimt: Man trifft sie nur an etwa 14 Tagen im Jahr an, ab Mitte April. Zeitlich sind die Larven damit zu einem Zeitpunkt unterwegs, an denen Frühblüher blühen und die Lichtintensität am Waldboden besonders hoch ist. Dies ist die einzige Zeit im Jahr, die sonnenabhängige Solitärbienen nutzen, auf die es die Dreiklauer abgesehen haben. Dazu klettern die Ölkäferlarven auf erste Frühblüher und warten dort, bis pollensammelnde Insekten vorbeikommen. Im Boden brütende Solitärbienen sind ihre Objekte der Begierde. Vermutet werden verschiedene Arten der Gattung *Andrena*. Gesichert ist die Entwicklung bei der Spitzzähnigen Zottelbiene (*Panurgus dentipes*). Sind nicht genug Blüten vorhanden, rotten sich die Larven gar zu dichten Klumpen zusammen und geben sich durch ihre Färbung einfach selbst als Blüten aus. So schleusen sich die Larven als blinde Passagiere in die Bruthöhlen von Solitärbienen ein. Sie brauchen jedoch zwingend bodenbrütende Wildbienenarten. Larven, die ein falsches Bienen-Taxi nehmen, sterben; erwischen sie etwa eine Honigbiene, werden sie von den Arbeiterinnen im Bienenstaat ausgemustert. Die Quote von Fehlwirten ist enorm hoch, da sie sich instinktiv an alles klammern, was Blüten anfliegt, auch Käfer, Schwebfliegen oder Schmetterlinge. Es sterben auch die Larven, die zwar ins richtige Nest gelangen, dort aber nicht auf, sondern neben einem Bienen-Ei landen – auch sie überleben nicht, da sie im umgebenden Honig-Pollen-Brei ertrinken. Im Bienennest fressen die Ölkäfer-Larven zunächst den Nachwuchs der Biene. Anschließend häuten sie sich und vertilgen den für den Bienennachwuchs vorgesehenen Nahrungsbrei. Nach insgesamt drei Häutungen verlassen sie das Nest und ziehen sich in den Erdboden zurück, wo sie sich zu einer sogenannten Scheinpuppe häuten. Bewegungslos und ohne Nahrungsaufnahme verbringt die Scheinpuppe den Winter. Im Unterschied zu einer echten Puppe, in der das fertige Insekt entsteht, schlüpft aus dieser Scheinpuppe im Frühjahr wieder eine Larve. Diese verpuppt sich in der Erde, und erst darauf schlüpft der fertige Käfer.

Beide Arten gelten in Deutschland in ihren Beständen als gefährdet und weisen vor allem historisch gesehen sehr starke Bestandsrückgänge auf.

① Frontalansicht eines Violetten Ölkäfers (*Meloe violaceus*)
② Dorsale Ansicht eines weiblichen Schwarzblauen Ölkäfers (*Meloe proscarabeus*)
③ Komposition verschiedener Dreiklauer des Violetten Ölkäfers

③

④

⑤

④ Triunguline eines Violetten Ölkäfers auf einer Gehörnten Mauerbiene (*Osmia cornuta*). Diese Larve wird sich aufgrund des ungeeigneten Wirtes nicht zu einem Käfer entwickeln können.

⑤ Dreiklauer des Violetten Ölkäfers auf einer Kirschblüte. Die Larven können auf der Suche nach einem Wirt sogar auf Bäume klettern.

⑥ Bei starker Vergrößerung im Maßstab 10:1 sind charakteristische Oberflächenskulpturen der Larve zu erkennen.

⑥

⑧

⑨

⑦ Nahaufnahme des Komplexauges und der Fühlerbasis
⑧ Porträt eines Männchens mit den arttypischen verdickten Fühlergliedern, einer Form von Sexualdimorphismus. Die Fühler der Weibchen weisen keine Verdickungen auf.
⑨ Der auffällige „Knick“ an den Fühlern des Männchens spielt bei der Balz eine wichtige Rolle.

① Detailaufnahme des Goldglänzenden Rosenkäfers (*Cetonia aurata*)

Goldglänzender Rosenkäfer

Cetonia aurata

Rosenkäfer gleichen funkelnden Edelsteinen. Weltweit gibt es etwa 4.000 Rosenkäferarten, in Deutschland kommen sieben verschiedene Arten vor. Sie gehören zur Familie der Blatthornkäfer (Scarabaeidae).

Die häufigste heimische Art ist der Goldgänzende Rosenkäfer (*Centonia aurata*). Um ihn wirklich sicher von anderen, ähnlichen Rosenkäferarten unterscheiden zu können, muss man ihn auf den Rücken legen. Bei genauem Hinsehen erkennt man, dass sein Mittelbrustfortsatz (Mesosternalfortsatz) rund und stark gewölbt ist. Bei allen anderen Rosenkäferarten ist er dagegen breit und flach. Während bei uns alle Individuen dieser Art metallisch goldgrün gefärbt sind, kommen im Mittelmeerraum auch violette, rötliche, bläuliche und fast schwarze Formen vor. Die Käfer sind emsige, obligate Blütenbesucher und ernähren sich von Pollen, Nektar, Staub- und Blütenblättern, lecken aber auch austretende Baumsäfte auf oder fressen an reifen Früchten, etwa Kirschen. Im Sommer sind sie besonders in der Mittagshitze auf Rosen-, Holunder- oder Schneeballblüten anzutreffen, die sie nacheinander anfliegen. Eine Besonderheit des Rosenkäfers sind seine fest verwachsenen Flügeldecken. Zum Fliegen klappt er sie nicht wie etwa ein Maikäfer nach oben, sondern faltet seine Hinterflügel durch seitliche Schlitze heraus. So behält er auch im Flug seine kastenförmige Gestalt.

Seine Larven, die Engerlinge, werden bis zu fünf Zentimeter lang und leben zwei bis drei Jahre in kompostiertem Substrat. Die Engerlinge sind von den ähnlichen Maikäferlarven am besten durch ihre Fluchtbewegung zu unterscheiden: Rosenkäferlarven strecken sich lang, drehen sich auf den Rücken und robben wie eine Raupe davon. Auch in unseren Komposthaufen im Garten sind sie regelmäßig zu finden. In letzter Zeit findet man immer mehr Engerlinge in unseren Gärten, auch in Humuserde. Aus der Vergangenheit sind nur vereinzelte Funde dieser Entwicklungsstätten bekannt. In Großstädten besiedeln sie auch gerne Hochbeete, Balkonkästen und Pflanzkübel, wo sie die klassische „Blumenerde" besiedeln. Die Metamorphose zum adulten Käfer erfolgt in einem äußerst festen Kokon. Dieser wird aus Holzfasern und Erde angefertigt. In freier Natur schlüpfen die adulten Käfer im darauffolgenden Frühjahr. In Großstädten schlüpfen die Käfer jedoch häufig schon im Herbst oder Winter, wenn ihre Puppenstätten in Form von Pflanzkübeln ins Warme gebracht werden.

Der Goldglänzende Rosenkäfer und auch der Trauer-Rosenkäfer (*Oxythyrea funesta*) profitieren zunächst enorm von der durch den Menschen verursachten Klimaerwärmung. Vor allem in den Großstädten hat die Fundhäufigkeit in den letzten 20 Jahren stark zugenommen.

②

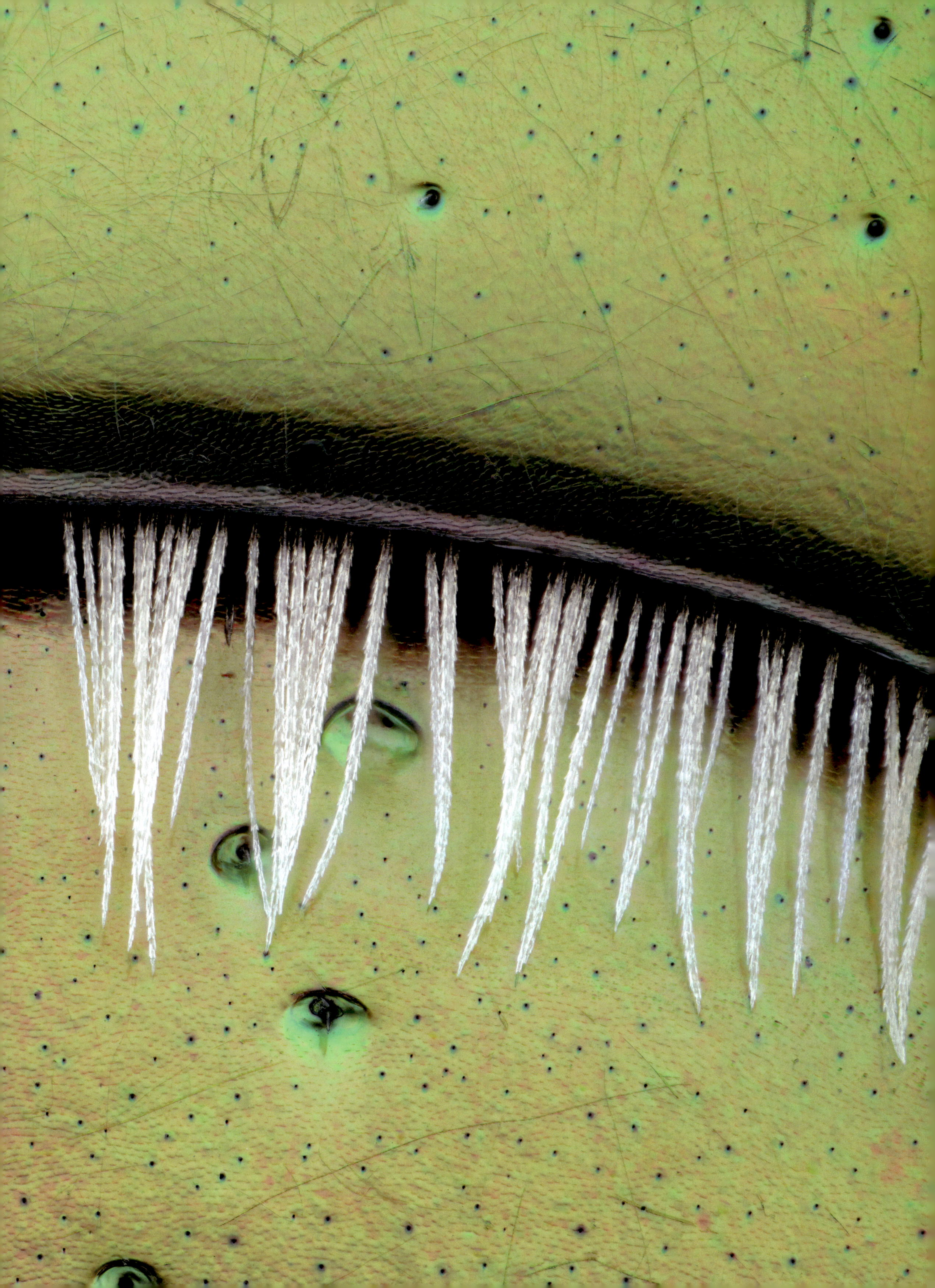

② Übergang vom Halsschild zum Schildchen (Scutellum) bei einem Goldglänzenden Rosenkäfer
③ Kugelförmiger Mittelbrustfortsatz (Mesosternalfortsatz) des Goldglänzenden Rosenkäfers
④ Flacher Mesosternalfortsatz des Großen Rosenkäfers (*Protaetia speciosissima*)

⑤

⑥

⑦

⑧

⑨

⑤ Larve des Goldglänzenden Rosenkäfers mit typischer Engerlings-Gestalt
⑥ Kokon, welcher von der Larve während des letzten Larvenstadiums angefertigt wird. In diesem ruht die Puppe und die Metamorphose vollzieht sich.
⑦ Käfer mit ausgebreiteten Flügeln. Rosenkäfer weisen die Besonderheit auf, dass sie beim Fliegen ihre Deckflügel (Elytren) nicht öffnen, sondern die Hinterflügel seitlich unter diesen hervorschieben.
⑧ Goldglänzender Rosenkäfer, Abbildung in Originalgröße
⑨ Grosser Rosenkäfer, Abbildung in Originalgröße

1. Brauner Bär (*Arctia caja*)
2. Roter Apollo (*Parnassius apollo*)
3. Goldene Acht (*Colias hyale*)
4. Hummelschwärmer (*Hemaris fuciformis*)
5. Eichenspinner (*Lasiocampa quercus*)
6. Tagpfauenauge (*Aglais io*)
7. Veränderliches Rotwidderchen (*Zygaena ephialtes*)

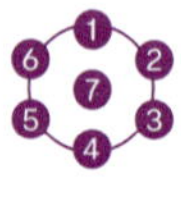

Die Ordnung der Schmetterlinge

(Lepidoptera)

Der wissenschaftliche Ordnungsname der Schmetterlinge ist Lepidoptera. Dies bedeutet so viel wie „Schuppenflügler". Der Name Schmetterling leitet sich von dem altertümlichen Wort „Schmetten" für Schmand oder Rahm ab, da man einige Schmetterlingsarten häufig sich daran labend beobachten konnte. Weitere Bezeichnungen wie Milchdieb, Buttervogel oder Molkenstehler weisen ebenfalls darauf hin, dass sie beim Butterschlagen angelockt wurden. Auch der englische Name „butterfly" rührt daher.

In Deutschland kann man ca. 3.700 Schmetterlingsarten antreffen. Nur etwas mehr als 180 davon sind Tagfalter. Von den Nachtfaltern kann man sie gut an den knopfartig verdickten Fühlerenden unterscheiden, so wie Kinder Schmetterlinge malen: ein Strich mit einem Puschel am Ende. Tagfalter klappen in Ruhestellung ihre Flügel senkrecht über dem Körper zusammen. Bei Nachtfaltern sind die Flügel in Ruhestellung ausgebreitet oder dachförmig zusammengefaltet. Wenn man einen Schmetterling tagsüber fliegen sieht, ist das noch lange kein Beweis dafür, dass es sich dabei um einen Tagfalter handelt. Tatsächlich gibt es mehr tagaktive Nachtfalter als Tagfalter.

Die häufig verwendete Bezeichnung Motten, als Synonym für Nachtfalter, ist irreführend und falsch. Im englischen heißen Nachtfalter zwar "moths", Motten sind jedoch im biologischen Sinne verschiedene Kleinschmetterlingsfamilien. So leben in Deutschland etwa 80 Arten aus der Familie der Echten Motten (Tineidae).

Im Vergleich zu anderen Insekten sind die Mundwerkzeuge der Schmetterlinge stark spezialisiert. Ihre Oberkiefer (Mandibeln) sind weitgehend zurückgebildet. Nur die Familie der Urmotten (Micropterigidae) nutzt sie noch als Beißwerkzeuge. Sie können damit Pollen zerkauen, von dem sie sich ernähren. In Deutschland wurden bisher 11 Urmottenarten nachgewiesen.

Bei den allermeisten Schmetterlingsarten bilden die Unterkiefer (Maxillen) zwei flexible Halbschläuche, die durch Falznähte miteinander verbunden sind. Dadurch entsteht im Zwischenraum ein Saugrohr, mit dem sie flüssige Nahrung aufnehmen können. Fast alle Arten ernähren sich von Blütennektar, Pflanzensäften und anderen nährstoffreichen Flüssigkeiten, etwa auch von Säugetierexkrementen. Manche Falter nehmen als erwachsenes Tier jedoch keinerlei Nahrung mehr auf, wie etwa Pfauenspinner (Saturniidae) oder Glucken (Lasiocampidae). Sie verfügen weder über einen Rüssel noch über einen Verdauungstrakt. Sie zehren ausschließlich von den Reserven, die sie sich als Raupe angefressen haben und sterben nach wenigen Tagen, gleich nach der Paarung.

Bei manchen Arten, wie den Frostspannern etwa, haben die Weibchen nur noch stark reduzierte Flügelstummel und sind flugunfähig.
Sie schlüpfen, locken, paaren sich und legen fast an gleicher Stelle auch die Eier ab. Arten aus der Familie der Echten Sackträger (Psychidae) sind sogar noch weiter spezialisiert. Sie verdanken ihren Namen der Lebensweise ihrer Raupen, die in einem selbstgesponnen Sack aus Pflanzenteilen oder Sandpartikeln leben. Hier gibt es Arten, deren Weibchen nicht einmal mehr Beine besitzen oder parthenogenetisch sind, also ohne Begattung Nachkommen erzeugen können.

① Brauner Bär (*Arctia caja*)
② Kleiner Schillerfalter (*Apatura ilia*). Die typischen Keulen am Ende der Fühler deuten auf einen Tagfalter hin.
③ Nagelfleck (*Aglia tau*) mit charakterisch kammartiger Fühlerform vieler männlicher Nachtfalter

③

④ Männlicher Schwammspinner (*Lymantria dispar*)

⑤ Grünes Blatt (*Geometra papilionaria*)
⑥ Zitronenfalter (*Gonepteryx rhamni*)

⑦ Großer Schillerfalter (*Apatura iris*)

⑧

⑨

⑧ Das Weibchen des Kleinen Frostspanners (*Operophtera brumata*) besitzt nur winzige rudimentäre Flügelstummel. Es wird meist in der Nähe ihrer Schlupfstätte begattet, wo sie dann auch ihre Eier ablegt.
⑨ Das flugfähige Männchen des Kleinen Frostspanners wird mit Pheromonen zu dieser Stelle gelockt.
⑩ Aurorafalter (*Anthocharis cardamines*), Weibchen
⑪ Aurorafalter, Männchen

⑩

⑪

⑫ Die Raupe dieser nur etwa 4–5 mm großen Miniermotte (*Chrysoesthia drurella*) lebt zwischen Ober- und Unterseite eines Blattes. Dort hinterlässt sie charakteristische Fraßspuren. Hier ist die Miniermotte in Originalgröße zu sehen.
⑬ Eine stark vergrößerte Abbildung derselben Miniermotte

13

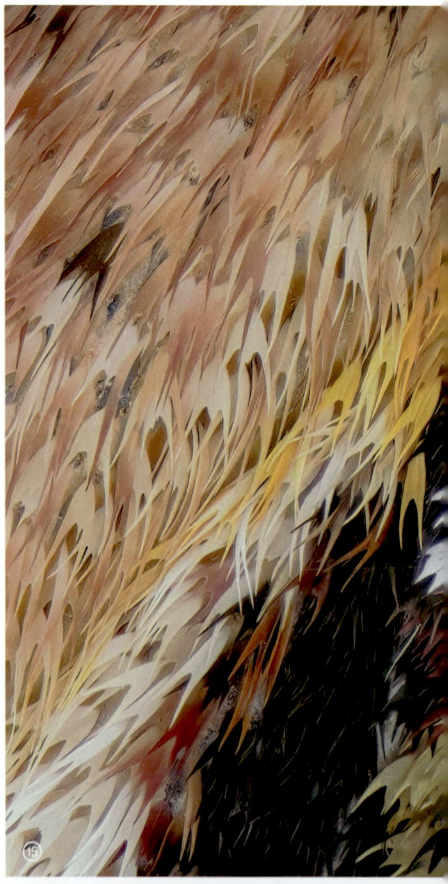

Die Vielfalt der Flügelschuppen:
⑭ Lilagold-Feuerfalter (*Lycaena hippothoe*), Maßstab 20:1
⑮ Kleines Nachtpfauenauge (*Saturnia pavonia*), Maßstab 4:1

⑯ Grüner Zipfelfalter (*Callophrys rubi*), Maßstab 60:1
⑰ Ampfer-Grünwidderchen (*Adscita statices*), Maßstab 40:1
⑱–⑲ Distelfalter (*Vanessa cardui*), Maßstab 60:1 und 20:1

1. Windenschwärmer (*Agrius convolvuli*)
2. Oleanderschwärmer (*Daphnis nerii*)
3. Totenkopfschwärmer (*Acherontia atropos*)
4. Ligusterschwärmer (*Sphinx ligustri*)
5. Eichenschwärmer (*Marumba quercus*)
6. Abendpfauenauge (*Smerinthus ocellatus*)
7. Linienschwärmer (*Hyles livornica*)
8. Lindenschwärmer (*Mimas tiliae*)
9. Pappelschwärmer (*Laothoe populi*)
10. Kiefernschwärmer (*Sphinx pinastri*)
11. Labkrautschwärmer (*Hyles gallii*)
12. Wolfsmilchschwärmer (*Hyles euphorbiae*)
13. Sanddornschwärmer (*Hyles hippophaes*)
14. Großer Weinschwärmer (*Hippotion celerio*)
15. Fledermausschwärmer (*Hyles vespertilio*)
16. Mittlerer Weinschwärmer (*Deilephila elpenor*)
17. Kleiner Weinschwärmer (*Deilephila porcellus*)
18. Taubenschwänzchen (*Macroglossum stellatarum*)
19. Nachtkerzenschwärmer (*Proserpinus proserpina*)
20. Skabiosenschwärmer (*Hemaris tityus*)
21. Hummelschwärmer (*Hemaris fuciformis*)

10
19
6
7
1
15
17
5
13
2
18
12

① Kleiner Weinschwärmer (*Deilephila porcellus*)
② Raupe des Mittleren Weinschwärmers (*Deilephila elpenor*) mit Scheinaugen
③ Flügelschuppen des Vorderflügels eines Oleanderschwärmers (*Daphnis nerii*)

①

Die Familie der Schwärmer

(Sphingidae)

Mit etwas Glück kann man in Mitteleuropa bis zu 21 Schwärmerarten entdecken. Die Schwärmer stellen eine von weltweit etwa 130 existierenden Schmetterlingsfamilien dar. Mit ihrem Formen- und Farbenreichtum zählen sie zu den beliebtesten Faltern. Dies verdeutlichen etwa das exquisite Pink des Mittleren Weinschwärmers (*Deilephila elpenor*) oder die betörenden, airbrushartigen Camouflage-Farben des Oleanderschwärmers (*Daphnis nerii*).

Die prächtigen Flugkünstler machen ihrem Familiennamen alle Ehre: Mit unglaublich schnellem Flügelschlag schwirren oder schwärmen die Nachtfalter durch die Lüfte und können sogar auf einer Stelle stehen bleiben. Diese Fähigkeiten kombiniert mit ihrem langen Saugrüssel sind eine optimale Kombination, um im Flug Blütennektar aufzunehmen und schnell von Blüte zu Blüte zu wechseln. Der wissenschaftliche Familienname der Schwärmer lautet Sphingidae. Dieser Name rührt daher, dass die Schwärmerraupen bei Gefahr eine typische „Sphinxstellung" einnehmen: Dabei wird der Vorderkörper zu einem dicken „Scheinkopf" zusammengezogen. Einige Arten, wie der Oleanderschwärmer oder der Mittlere Weinschwärmer, besitzen an diesen hervorgehobenen Körperstellen Flecken, die an große Augen erinnern und diese Form der Täuschung noch verstärken. Sie erinnern damit an eine wehrhafte Schlange und gelten als raffinierte Form der Mimikry.

Etwa die Hälfte der hierzulande anzutreffenden Schwärmerarten kommt nur in den Sommermonaten als Wanderfalter zu uns. Mit ihrem torpedoförmigen Körper und einer extrem starken Muskulatur können sie Geschwindigkeiten von bis zu 100 km/h erreichen und Strecken von mehreren Tausend Kilometern zurücklegen. Die kalten und dunklen Winter machen es den wärmeliebenden Schwärmern allerdings schwer, sich dauerhaft hier niederzulassen. Deshalb fliegen sie vereinzelt sogar zurück, um ihre Eier in wärmeren Regionen abzulegen.

②

③

①

① Taubenschwänzchen (*Macroglossum stellatarum*) mit aufgerolltem, langem Saugrüssel. Dieser kann bei manchen Schwärmerarten gar die Körperlänge um ein Vielfaches übertreffen.

Taubenschwänzchen

Macroglossum stellatarum

Immer wieder berichten Menschen von außergewöhnlichen „Mini-Kolibris", die sie schwirrend an ihren Balkonkästen oder in ihren Gärten gesichtet haben. Bei den vermeintlichen Besuchern aus Amerika handelt es sich jedoch meist um eine sehr schnell und wendig fliegende Nachtfalterart aus der Familie der Schwärmer: das Taubenschwänzchen (*Macroglossum stellatarum*).

Seinen Namen verdankt der tagaktive Schmetterling den markanten Haarbüscheln am Hinterleibsende, die an die Schwanzfedern einer Taube erinnern. Tatsächlich stehen die kolibriähnlichen Falter in schnellem Schwirrflug vor den Blüten und saugen mit ihrem extrem langen Rüssel Nektar. Sogar rückwärts können sie fliegen. Selbst kleinste Bewegungen der Pflanzen durch den Wind können sie durch ihren akrobatischen Flug perfekt ausgleichen, so dass ihre Position zur Blüte immer konstant bleibt. Die Flügelschlagfrequenz beträgt dabei bis zu 90 Schläge pro Sekunde. Im Flug erreichen sie bis zu 80 km/h und können in nur sechs Sekunden von 0 auf 70 km/h beschleunigen.

Durch ihr rasantes Flugverhalten ist der Energieverbrauch der Schmetterlinge enorm hoch. Sie benötigen täglich fast das Doppelte ihres Eigengewichts an Nahrung, etwa einen halben Milliliter Nektar. Um diese Menge zu saugen, müssen sehr viele Blüten in sehr kurzer Zeit angeflogen werden. So kann ein Taubenschwänzchen bis zu hundert Blüten pro Minute besuchen. Das große Nahrungsangebot nutzen die Tiere sehr effizient, indem sie immer möglichst kurze Strecken zurücklegen und mit den für sie typischen ruckartigen Bewegungen nacheinander die Blüten einer Pflanze anfliegen, um dann erst zur nächsten Pflanze zu eilen. Die wendigen Schwärmer sind nicht selektiv und können das jeweils vorhandene Nahrungsangebot optimal nutzen. Um sich gegenüber der Insektenkonkurrenz jedoch einen Vorteil zu verschaffen, bevorzugen sie lange, schmale Blütenkelche, die sie mit ihrem langen Rüssel exklusiv nutzen können – sie passen zusammen wie Schlüssel und Schloss. Doch eingeschleppte Pflanzenarten können dieses uralte Gleichgewicht stören: Die aus Amerika stammende Rosa Nachtkerze (*Oenothera speciosa*) wird gerne als attraktive Zierpflanze in Gärten gepflanzt. Doch immer wieder bleiben Taubenschwänzchen mit ihrem Saugrüssel in den Blütenkronröhren stecken, können den ausgestreckten Rüssel nicht mehr zurückziehen und verenden qualvoll. Der Grund dafür sind Widerhaken in der Blütenröhre, um den Pollen für die Bestäubung besser abstreifen zu können. Die Rüssel der amerikanischen Schwärmerarten sind entweder deutlich dicker oder dünner, so dass dieses uralte Prinzip nachhaltig funktioniert. Der Rüssel unseres Taubenschwänzchens passt jedoch pressgenau hinein und verhakt sich so beim Herausziehen.

Abgesehen von solchen ungeahnten Todesfallen lernen die geschickten Schmetterlinge schnell, an welchen Blütenarten sie genügend Nektar finden, und sammeln so Erfahrung im Anflug auf Blüten. So kehren sie Tag für Tag zu ergiebigen Nektarquellen zurück. Auch ihren Ruhe- und Schlafplätzen bleiben sie oft ein Falterleben lang treu. Die Anpassungsfähigkeit durch Lernen und das erstaunliche Erinnerungsvermögen lassen sich dadurch erklären, dass Taubenschwänzchen in ihrem etwa viermonatigen Leben weite Strecken durch mehrere Klimazonen zurücklegen und dabei mit Vegetationswechseln zurechtkommen müssen. Da bleibt keine Zeit zum Experimentieren und sie müssen auf Nummer sicher gehen. Denn Taubenschwänzchen sind Wanderfalter und erschließen sich durch ihren ausdauernden Flug immer wieder neue Gebiete. Dabei legen die Tiere große Strecken zurück und können in weniger als zwei Wochen bis zu 3.000 Kilometer überwinden.

②

② Dorsale Ansicht eines Taubenschwänzchens. Gut erkennbar ist der namensgebende Hinterleib, der an einen Taubenschwanz erinnert.
③ Sonnenblumenpollen auf den Flügelschuppen eines Taubenschwänzchens. Diese weisen im Schnitt einen Durchmesser von 0,03 mm auf.

③

①

②

③

Totenkopfschwärmer

Acherontia atropos

Mit einer Flügelspannweite von bis zu 13 Zentimetern und einem massigen Körper mit einem Gewicht von bis zu acht Gramm sind sie die Jumbo-Jets unter den heimischen Insekten. Totenkopfschwärmer (*Acherontia atropos*) sind Wanderfalter, die eigentlich in tropischen Gefilden oder Südeuropa leben. Jedes Jahr überqueren jedoch einige von ihnen die Alpen. Dabei legen sie eine der geradlinigsten Wanderungen im Tierreich zurück, gleichen Winde aus und durchqueren selbst Schneestürme auf den Gipfeln zielsicher.

Aufgrund seines imposanten Erscheinungsbildes mit der namensgebenden „Totenkopf"-Zeichnung auf dem Hinterleib und seiner nachtaktiven Lebensweise galt er früher als Unglücksbringer, Todesbote und schlechtes Omen. Von in Ohnmacht fallenden Nonnen bis hin zum tödlichen Herzinfarkt eines Bürgermeisters beim Anblick eines Totenkopfschwärmers – es ranken sich unzählige düstere Geschichten um den großen, dunklen Nachtfalter. Man nahm an, dass seine Flügelschuppen Menschen erblinden lassen und er das Klagen schmerzerfüllter Kinder verbreite. Noch heute wird er in Filmen und Literatur als Sinnbild des Bösen eingesetzt. Weltbekannt wurde die Art durch die Abbildung seiner dorsalen Ansicht auf dem Filmplakat zu „Das Schweigen der Lämmer". Der Nachtfalter erhielt erst später seinen Trivialnamen Totenkopfschwärmer. In älteren Beschreibungen der Art wurde interessanterweise die Zeichnung auf dem Rücken noch nicht als Totenkopf interpretiert.

Im Gegensatz zu anderen Schwärmerarten trinkt der Totenkopfschwärmer keinen Nektar aus Blüten, sondern dringt mit angelegten, vibrierenden Flügeln in Bienenstöcke ein, wo er mit seinem kurzen, sehr kräftigen Rüssel die Honigzellen ansticht und aussaugt. Die Honigbienen (*Apis mellifera*) vertreiben den ungebetenen Gast jedoch nicht, denn eine „chemische Tarnkappe" macht ihn im Bau „unsichtbar". Sein Duft besteht aus einem Gemisch von vier verschiedenen Fettsäuren, die in ihrer Konzentration und ihrem Verhältnis den Bienenduft nahezu perfekt imitieren. Vermutlich schützt ihn zudem eine gewisse Giftimmunität, sollte seine Tarnung doch einmal auffliegen. In einem Experiment wurde einem Falter der Inhalt von vier Bienengiftblasen injiziert. Nach anfänglichen Krämpfen erholte er sich nach 15 Minuten jedoch erstaunlich rasch.

Der Totenkopfschwärmer ist einer der wenigen Schmetterlinge, die einen deutlich hörbaren Laut von sich geben. Bei Gefahr kann er erstaunlich laute, zischende Geräusche von sich geben, die vermutlich potenzielle Angreifer kurzzeitig in die Flucht schlagen sollen. Der Sound kann in der Kosmos-Plus-App unter der Nr. 111 angehört werden. Um diesen Sound zu erzeugen, wird über den Rüssel Luft eingesaugt und die Speiseröhre verschlossen. Durch abwechselndes Öffnen und Schließen der Mundöffnung entweicht der Druck und es entstehen quiekende Alarmgeräusche, die an eine Maus erinnern. Reicht diese Abwehrstrategie nicht aus, kann er auch ein nach vermodernden Pilzen riechendes Sekret absondern. Auch seine Raupen, die wie Zuckerstangen vom Jahrmarkt aussehen, geben Geräusche von sich. Die bis zu 13 Zentimeter langen Larven erzeugen knirschend-klickende Geräusche, wenn sie sich bedroht fühlen. Dieser Sound 222 entsteht, indem sie Luft durch die Tracheenöffnungen pressen. Die „Soundfreudigkeit" variiert individuell recht stark. Manche Raupen geben schon Sounds von sich, wenn sich der Zweig, auf dem sie sitzen, bewegt, andere erst, wenn sie fest gepackt werden.

① Totenkopfschwärmerraupe (*Acherontia atropos*) im letzten Larvenstadium
② Vier Bauchbeinpaare und zwei sogenannte Nachschieber helfen der Raupe, sich festzuhalten.
③ Dorsale Ansicht eines adulten Totenkopfschwärmers
④ Namensgebender Totenkopf auf dem Thorax des Schwärmers
⑤ Unterseite eines männlichen Totenkopfschwärmers. Gut erkennbar an den Valven, Teil des männlichen Geschlechtsapparates.

⑥ Frisch gehäutete Raupe des Totenkopfschwärmers im vierten Larvenstadium. Am Vorderende der Raupe sind die sechs „echten" Beine gut zu erkennen. Die vier hinteren Bauchbeinpaare sowie der Nachschieber sind dagegen nur Hautausstülpungen. Sie dienen der Raupe jedoch dazu, sich mittels Haftscheiben an der Futterpflanze festzuhalten.

⑦ Puppe eines Totenkopfschwärmers. Auch in diesem Stadium atmet das Tier Sauerstoff. Die dafür notwendigen, seitlich anliegenden Tracheenöffnungen sind, wie bei der Raupe, gut zu erkennen.

⑥

⑦

1. Baum-Schnepfenfliege (*Chrysopilus laetus*)
2. Hornissenschwebfliege (*Volucella zonaria*)
3. Schmetterlingsmücke (*Clogmia albipunctata*)
4. Vogellausfliege (*Orinthomyia* sp.)
5. Goldfliege (*Lucilia sericata*)
6. Bohrfliege (*Tephritis acanthiophilopsis*)
7. Waffenfliege (*Clitellaria ephippium*)

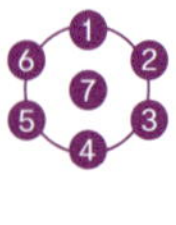

Die Ordnung der Zweiflügler

(Diptera)

Die Insektenordnung der Zweiflügler (Diptera) gliedert sich in die beiden besser bekannten Unterordnungen der Fliegen (Brachycera) und der Mücken (Nematocera). Gemeinsam ist beiden, dass ihre Hinterflügel zu Schwingkölbchen (Halteren) reduziert sind. Diese sind bei den Mücken deutlich ausgeprägt und stehen frei vom Körper ab, bei den Fliegen sind sie meist durch eine deutliche helle Schuppe verdeckt. Die Fühler der Fliegen haben am ersten, meist vergrößerten Geißelglied (drittes Antennenglied) oft einen gefiederten, borstenartigen Fortsatz (Arista), insgesamt ist die Zahl der Glieder auf maximal 8 begrenzt. Bei den Mücken sind die Fühler mehrgliedrig und meist fadenförmig, können aber durch seitliche Auswüchse oft stark buschig sein. Auch die Nachkommen unterscheiden sich: Die Larven der Fliegen, die klassischen „Maden“, haben in der Regel keine Augen, während diese bei den Mücken meist gut ausgeprägt sind.

Blutsaugende Arten gibt es übrigens sowohl bei den Mücken (z.B. Stechmücken oder Gnitzen) als auch bei den Fliegen (z.B. Bremsen oder Fliegen). Im Gegensatz zu den Stechimmen innerhalb der Ordnung der Hautflügler (Hymenoptera) durchstechen die Zwei flügler die Haut nicht mit evolutionär umgewandelten Legebohrern, sondern mit zu einem Saugrüssel umgebildeten Mundwerkzeugen. Damit können sie stechen und saugen. Übrigens saugen nur die Weibchen Blut, da sie auf die Proteine im Blut angewiesen sind. Nur so können sich in ihnen nach der Befruchtung Eier ausbilden.

Auch unter den Zweiflüglern gibt es ausgesprochene Spezialisten. Die Hirschlausfliege (*Lipoptena cervi*) zum Beispiel ist auf ein parasitäres Leben an Säugetieren ausgerichtet. Landet sie auf einem geeigneten Wirt, wirft sie ihre Flügel ab, um sich besser durch das dichte Fell bewegen zu können, und verbringt dort den Rest ihres Lebens. Durch ihren extrem widerstandsfähigen Körperbau mit kräftigen Klauen und Stacheln, mit denen sie wie ein Kamm im Fell stecken bleibt, kann sie kaum abgestreift werden. Die Weibchen gebären bereits verpuppungsreife Larven, die selber aktiv keine Nahrung aufnehmen. Pupiparie nennt man diese besondere Form des Lebendgebärens. Die Larven lassen sich auf den Boden fallen und verpuppen sich in der Bodenstreu. Weitere Lausfliegenarten leben in enger parasitärer Abhängigkeit zu einzelnen Wirtsarten, wie Schaflausfliege, Mauerseglerfliege, oder Bindungen zu einzelnen Gruppen wie Schwalbenlausfliegen.

Ebenfalls Spezialisten innerhalb der Ordnung der Zweiflügler sind die Bienenläuse (Braulidae), von denen eine Art (*Braula coeca*) auch in Deutschland vorkommt. Sie werden nur einen Millimeter groß und leben parasitisch auf Honigbienen. Ihr flacher Körper ist perfekt an das Leben im Pelz der Bienen angepasst. Flügel und Schwingkölbchen fehlen gänzlich, ihre Füße sind verdickt und weisen kammartige Strukturen auf. Sie entwenden beim Nahrungsaustausch mit anderen Bienen deren ausgewürgte Nahrung und betteln auch Arbeiterinnen direkt an. Durch die häufige Behandlung der Bienenvölker mit Mitteln wie Ameisensäure gegen die Varroa-Milbe geraten sie jedoch zunehmend in Bedrängnis.

Zu den prächtigsten heimischen Dipteren zählen die Kammschnaken (*Ctenophorinae*). Die männlichen Kammschnaken besitzen namensstiftende, kammartige Antennen, mit deren Hilfe sie, ähnlich wie Nachtfalter, die Weibchen anhand von Pheromonen aufspüren können. Alle Arten entwickeln sich an Totholz und sind ein wichtiger Bioindikator für gesunde Waldstrukturen.

①

②

③

① Porträt der Vogellausfliege (*Orinthomyia* sp.). Das stechend-saugende Mundwerkzeug nutzt die Fliege, um die Haut zu durchdringen und Blut zu saugen.
② Polsterfliege (*Pollenia* sp.)
③ Graue Fleischfliege (*Sarcophaga carnaria*). Sie legt wie nahezu alle Fleischfliegen keine Eier, sondern gebärt lebende Larven (Larviparie). Im Gegensatz zu den anderen Arten der Gattung, die sich hauptsächlich von Aas ernähren, entwickelt sie sich parasitoid von Regenwürmern.
④ Dolden-Kurzrüsseldickkopffliege (*Abrachyglossum capitatum*)
⑤ Gemeine Keilfleckschwebfliege (*Eristalis pertinax*). Ihre Larven entwickeln sich in stehenden, fauligen und schlammigen Gewässern. Sie besitzen dazu ein langes, schnorchelartiges, ausziehbares Atemrohr. Wegen ihrer äußerlichen Ähnlichkeit werden sie deshalb auch Rattenschwanzlarven genannt.

④

⑤

⑥

⑥ Weißpunktierte Schmetterlingsmücke (*Clogmia albipunctata*)
⑦ Fenstermücke (*Sylvicola* sp.)
⑧ Stechmücke (*Culex* sp.)

⑦

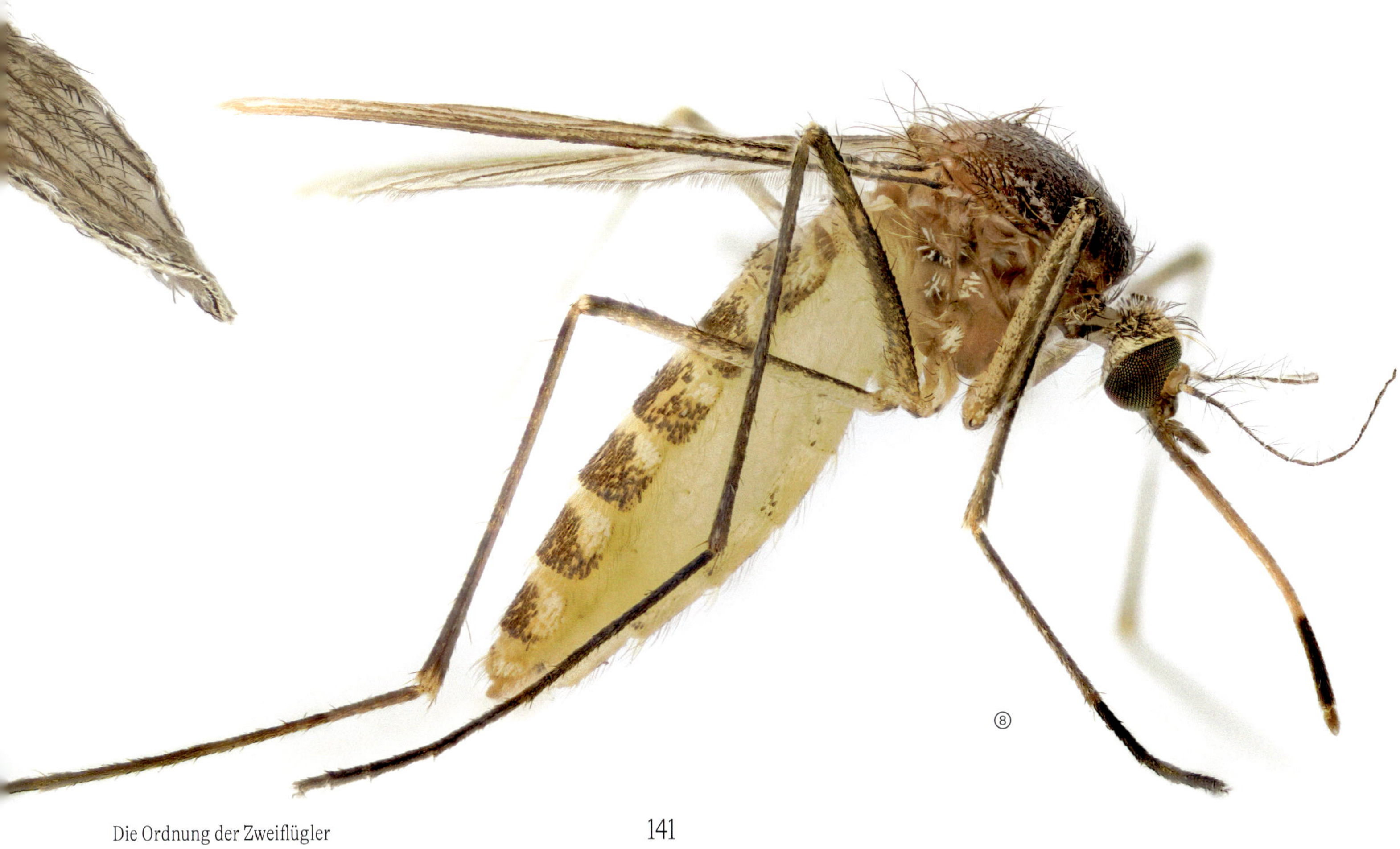

⑧

①

①–② Goldfliege (*Lucilia sericata*)

Goldfliege

Lucilia sericata

②

Die Goldfliege (*Lucilia sericata*) nehmen wir im Sommer aufgrund ihrer regen Tätigkeit im Siedlungsraum fast überall wahr. Sie sind stets zur Stelle, wenn es um frische Lebensmittel und die Verarbeitung wertvoller Nährstoffe geht. Ob frisches Aas oder tierische Produkte auf dem Speiseteller: Oft werden die Fliegen schnell und in großer Zahl angelockt. Aber auch auf Blüten und Exkrementen lassen sich die Tiere beobachten. Wichtig ist für sie nur, dass es schnell geht, denn sie bevorzugen frühe Stadien des Verfalls.

Goldfliegen besitzen eine bemerkenswerte Vorliebe: Sie mögen Wunden. Die Fliegen haben sich auf das absterbende Gewebe von Wunden bei Säugetieren spezialisiert und legen dort auch ihre Eier zur Vermehrung ab. Nur selten kommt es dabei zu einer so genannten Myiasis, bei der auch lebendes Gewebe befallen wird. Auch wenn uns diese Lebensweise zunächst unbehaglich erscheint, bietet sie doch eine heilsame und interessante Möglichkeit der Wundtherapie. Dazu werden ihre Larven in Wunden gesetzt und fressen das Wundgewebe so sauber ab, dass keinerlei abgestorbenes Gewebe zurückbleibt. Menschen, bei denen die Wundheilung nicht mehr richtig funktioniert (z.B. bei Diabetes), profitieren gesundheitlich davon, da es nicht mehr zu sogenannten Nekrosen kommt, bei denen abgestorbenes Gewebe die Sauerstoffversorgung des darunterliegenden lebenden Gewebes behindert. Da die Larven keimfrei aufgezogen werden können, bleiben die Wunden absolut sauber. Diese Therapieform ist schon uralt, wurde aber mit der Entdeckung und zunehmenden Anwendung von Penicillin zunächst stark zurückgedrängt. Heute sind wir jedoch an einem Punkt angelangt, an dem Antibiotikaresistenzen zunehmen, uns vor große Probleme stellen und der Einsatz keimfreier Fliegenmaden wieder wertvolle Vorteile bei der Wundheilung bietet.

Auch in der forensischen Entomologie können Goldfliegen von großem Interesse sein, da ihre Entwicklungsstadien gelegentlich auch menschliche Leichen in einem relativ frühen Stadium nach dem Tod besiedeln können und vor allem in Wohnräumen häufig vorkommen. Somit kann die Art auch ein rechtsmedizinisches oder kriminalistisches Argument darstellen.

Innerhalb der Gattung *Lucilia* gibt es noch eine ganze Reihe weiterer Arten. Eine Art soll aufgrund ihrer spannenden und für uns eher unschön erscheinenden Lebensform noch erwähnt werden. Die Krötengoldfliege (*Lucilia bufonivora*) hat sich auf die Parasitierung von Amphibien, insbesondere Erdkröten, spezialisiert. Die Fliegen legen ihre Eier auf Erdkröten ab und die Larven bohren sich in die Nasenlöcher der Tiere. Innerhalb weniger Tage fressen sie sich durch das weiche Gewebe und die Kröte wird geschwächt. Die Maden dringen ins Körperinnere vor und töten den Wirt, so dass sie sich im Krötenkadaver entwickeln können. Unter für sie günstigen Bedingungen können so große Teile ganzer Populationen durch die Fliegen getötet werden. Es handelt sich dabei jedoch um eine natürliche Regulation durch Arten, die sich einen Lebensraum teilen, um ein uraltes Gleichgewicht.

③

③ Rücken einer Goldfliege im Maßstab 20:1.
④ Flügelrand einer Goldfliege im Maßstab 20:1
⑤ Goldfliegen verdauen ihre Nahrung zum größten Teil außerhalb des Körpers. Sie sondern ein enzymreiches Sekret ab, mit dem sie ihre Nahrung einspeicheln. Die Nahrung wird dadurch verflüssigt und anschließend mit dem Saugrüssel aufgenommen.

⑤

1 Blaue Fichtenholzwespe (*Sirex noctilio*)
2 Haus-Feldwespe (*Polistes dominula*)
3 Grünschwarze Blattwespe (*Tenthredo mesomela*)
4 Große Holzbiene (*Xylocopa violacea*)
5 Goldwespe (*Chrysididae* sp.)
6 Helle Erdhummel (*Bombus lucorum*)
7 Sichelwespe (*Ophion* sp.)

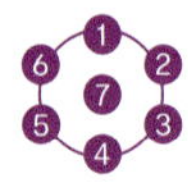

Die Ordnung der Hautflügler

(Hymenoptera)

Die Hautflügler stellen mit etwa 9.600 Arten aktuell die artenreichste Insektenordnung bei uns in Deutschland dar. Auch weltweit gilt sie als die artenreichste Ordnung der Insekten, obwohl derzeit mehr als doppelt so viele Käferarten beschrieben sind. Der größte Teil von ihnen gilt als noch nicht erforscht. Zu den Hautflüglern zählen mit Bienen (Apiformes), Echten Wespen (Vespinae) und Ameisen (Formicidae) zwar besonders bekannte Insekten, ihre tatsächliche Vielfalt ist den meisten Menschen jedoch eher unbekannt. Hier finden sich vor allem bedeutsame Parasiten wie Brack-, Schlupf- und Erzwespen, die andere Insekten und Spinnentiere in ihren Populationen regulieren und damit eine enorm wichtige Funktion im Ökosystem übernehmen.

Die Ordnung der Hautflügler wird in zwei Unterordnungen unterteilt: Pflanzenwespen (Symphyta) und Taillenwespen (Apocrita). Nur letztere besitzen den charakteristischen Hinterleibseinschnitt, die Wespentaille. Die Larven der Pflanzenwespen erinnern in ihrem Aussehen an Schmetterlingsraupen und werden entsprechend als „Afterraupen“ bezeichnet.

Der uns allen bekannte Wehrstachel, der nur bei vielen Stechimmen (Aculeata) aus der Unterordnung der Taillenwespen und dort auch nur bei den Weibchen vorkommt, hat sich übrigens evolutionär aus dem Legebohrer (Ovipositor) entwickelt. Insgesamt sind also nur die wenigsten Hautflügler stechfähig.

Besonders ausgeprägt ist der Legebohrer bei den Weibchen zahlreicher Legimmen, der artenreichsten Hautflüglergruppe. Bei vielen übersteigt er sogar die Körpergröße. Die Spitze des Legebohrers ist oft spitz genug, um in geeignete Legeplätze einzudringen. Gleichzeitig ist der Bohrer selbst aber so biegsam, dass er nicht abbricht. Er ist ein wahres Präzisionswerkzeug: Manche Schlupfwespen bohren mehrere Zentimeter tief in Holz, um an den Wirt ihrer Wahl, beispielsweise eine Bockkäferlarve, zu gelangen und dort zielgenau ein Ei abzulegen.

Die überwiegende Mehrheit der Insektenarten lebt solitär. Nur wenige Arten bilden Staaten. Diese finden sich in unseren Breiten ausschließlich in der Unterordnung der Stechimmen. Dazu gehören die in Deutschland vorkommenden 108 Ameisenarten, die 36 Hummelarten sowie 11 sozial lebende Wespenarten. Dabei gibt es unterschiedliche Formen des Zusammenlebens. In der Regel gibt es eine klare Aufgabenverteilung und die Tiere werden in ihre Rolle hineingeboren. Bei den Feldwespen ist das anders: Arbeiterinnen können zur Königin aufsteigen, wenn der Staat sie ersetzen muss. Studien zeigen, dass Feldwespen intelligente Entscheidungen treffen und besondere Fähigkeiten bei der Gesichtserkennung zeigen.

Zu den Hautflüglern zählen auch die winzigen Zwergwespen (Mymaridae). Im Englischen heißen sie aufgrund ihrer filigranen Gestalt „fairyfly“, weshalb man sie auch „Feenwespen“ nennt. Zu dieser Familie gehört auch das kleinste bekannte Insekt der Welt, die Wespe *Dicopomorpha echmepterygis*, deren Männchen nur 0,14 mm groß sind. Andere winzige, hochspezialisierte Arten sind völlig flügellos, wie zum Beispiel die Spinnenei-Parasiten der Gattung *Baeus*. Zu den größten einheimischen Hymenopteren zählen die etwa 3 cm große Blauschwarze Holzbiene (*Xylocopa violacea*), die sich in den letzten Jahren bei uns stark ausgebreitet hat, oder die ebenso großen „Riesenschlupfwespen“ der Gattung *Megarhyssa*, die zusätzlich zur Körperlänge einen 4 cm langen Legebohrer besitzen.

①

②

③

④

⑤

① Haus-Feldwespe (*Polistes dominula*). Die Männchen dieser häufigen Art besitzen grünlich gefärbte Komplexaugen und eingerollte Fühlerspitzen, an denen sie schon mit bloßem Auge gut zu erkennen sind.

② Alle drei folgenden Stachel sind im gleichen Maßstab 20:1 fotografiert. Hier der Stachel einer Honigbiene (*Apis mellifera*).

③ Stachel einer Gemeinen Wespe (*Vespula vulgaris*)

④ Stachel einer Hornisse (*Vespa crabro*)

⑤ Lehmwespe (*Ancistrocerus nigricornis*)
⑥ Blaue Fichtenholzwespe (*Sirex noctilio*)
⑦ Schlupfwespe (Ichneumonidae) aus der Unterfamilie Pimplinae

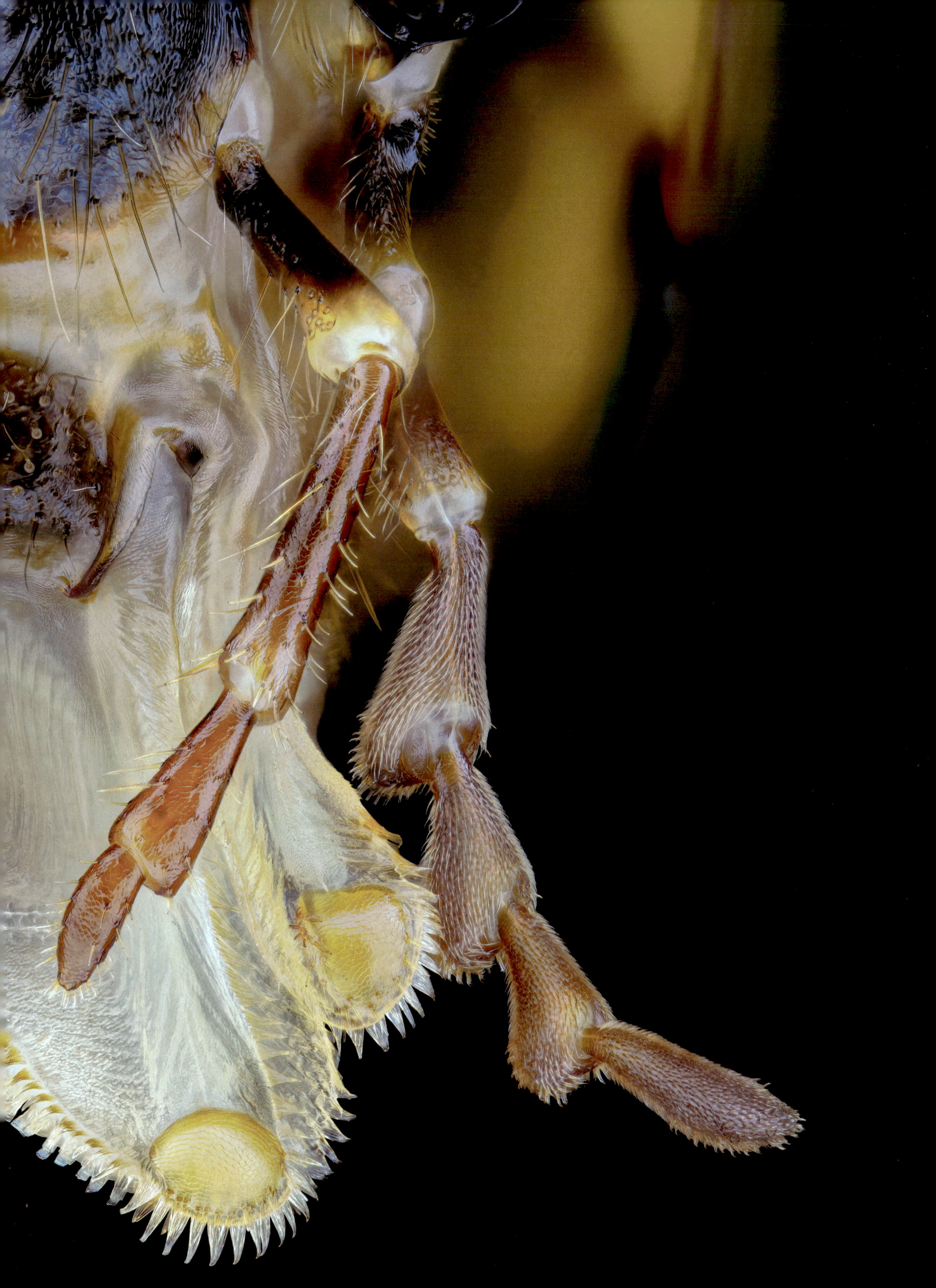

9

⑩

⑧ Zunge einer Deutschen Wespe (*Vespula germanica*) im Maßstab 10:1
⑨ Bei den Faltenerzwespen der Gattung *Leucospis* liegt der Legebohrer am Hinterleib an. Um ihn zwecks Eiablage einzusetzen, ist die Wespe in der Lage, ihre Hinterleibssegmente enorm zu dehnen.
⑩ Die Erzwespe *Bootanomyia stigmatizans*

⑪

⑫

⑪ Lehmtöpfchen einer Orientalische Mauerwespe (*Sceliphron curvatum*). Neben dem Kokon, in dem sich die Puppe befindet, sind hier die Reste der Nahrungsvorräte zu erkennen. Bei dieser Art sind es ausschließlich Spinnen.
⑫ Das Weibchen fertigt aus gesammeltem Lehm einzelne Brutzellen an. Je ein Ei wird in einen mit ausreichend Larvenfutter gefüllten Lehmtopf gelegt und verschlossen. Dabei handelt es sich um Lebendfutter, denn die Wespe lähmt die Nahrungsvorräte nur durch einen gezielten Stich.
⑬ Seitliche Ansicht einer Mauerwespe
⑭ Mundwerkzeuge der Hellgelben Erdhummel (*Bombus lucorum*)

⑬

⑭

① Die Goldwespenart *Pseudomalus auratus*. Sie wird zwischen 3 und 7 mm groß.

Die Familie der Goldwespen

(Chrysididae)

Goldwespen sind wahrlich kleine, fliegende Juwelen. Ihre leuchtenden Farben reichen von blau, violett, grün bis kupferrot. Sie glänzen metallisch mit einem eleganten goldenen Schimmer. Manche glänzen sogar in einem breiten Regenbogenspektrum. Sie wirken auf uns zusätzlich attraktiv, da ihre Körperoberfläche nicht glatt, sondern stark skulpturiert, also sehr strukturreich ist. Goldwespen leben parasitoid oder kleptoparasitisch und ernähren sich von den Eiern, Larven und Brutvorräten anderer solitär lebender Hautflügler. Da ihre Lebensweise an die des Kuckucks erinnert, heißen sie im Englischen „cuckoo wasps". In Deutschland sind 98 verschiedene Goldwespenarten nachgewiesen.

Die Gemeine Goldwespe (*Chrysis ignita*) beispielsweise legt ihre Eier einzeln in die Nester verschiedener Hautflügler wie Faltenwespen, Grabwespen, aber auch Mauer- und Pelzbienen. Die Goldwespenlarve frisst zuerst das Ei oder die bereits geschlüpfte Larve ihres Wirtes, dann dessen Nahrungsvorräte. Ist alles aufgefressen, verpuppt sie sich im fremden Nest. Da die Gemeine Goldwespe ein breites Spektrum von Wirtsarten befällt, nehmen die Larven jeweils unterschiedliche Nahrung zu sich, was sich auf ihre Entwicklung auswirkt. Daher variiert die Körpergröße der ausgewachsenen Goldwespen stark. Bei der Gemeinen Goldwespe liegt sie zwischen 4 und 13 Millimetern. Aufgrund dieses breiten Nahrungsspektrums und der stark schwankenden Körpergrößen geht man sogar davon aus, dass sich hinter dem, was wir heute als *Chrysis ignita* verstehen, noch mehr unerkannte Arten verbergen. Auch bei den scheinbar so auffälligen fliegenden Juwelen gibt es also noch viel zu entdecken.

Eine besondere Lebensweise findet man bei der Schneckenhausgoldwespe (*Chrysis trimaculata*). Sie lebt parasitär bei Mauerbienen, die sich auf leere Schneckenhäuser als Nistplatz spezialisiert haben, vor allem bei der Goldenen Schneckenhaus-Mauerbiene (*Osmia aurulenta*). Noch während die Mauerbienen mit bis zu 300 Flügen einen Nahrungsvorrat aus Pollen in ein geeignetes leeres Schneckenhaus tragen und in mühevoller Arbeit eine Brutkammer anlegen, krabbelt die Schneckenhaus-Goldwespe in das Schneckengehäuse und legt unbemerkt ein Ei hinein. Nachdem die Mauerbiene das Nest mit ihrem Ei bestückt hat, mauert sie den Eingang zu und hinterlässt ihre Brut ungeahnt einem tödlichen Untermieter. Sobald die Larve der Mauerbiene geschlüpft ist, beginnt sie, sich von den Vorräten zu ernähren. Währenddessen klettert die kurz darauf geschlüpfte Goldwespenlarve auf den Rücken der Bienenlarve und beißt sie an. Dabei wird die austretende Hämolymphe der Mauerbienenlarve verzehrt – aber nur so viel, dass sich die Larve immer wieder erholt und weiterwächst. Erst wenn sie groß genug ist und alle Pollenvorräte aufgefressen hat, tötet die Goldwespenlarve den Mauerbienennachwuchs und verpuppt sich anschließend. Im Folgejahr verlässt nur eine neue Goldwespe das Schneckenhaus. Die gesamte Arbeit der Mauerbiene wurde von einem Untermieter ausgenutzt. Dieses enge Zusammenspiel mehrerer Arten als Bedingung in einem Kreislauf des Lebens zeigt uns, wie fragil manche Systeme sind, wenn wir sie stören. Fehlen die Schnecken im Lebensraum, fehlen auch die Mauerbiene und ihr farbenprächtiger Kuckuck.

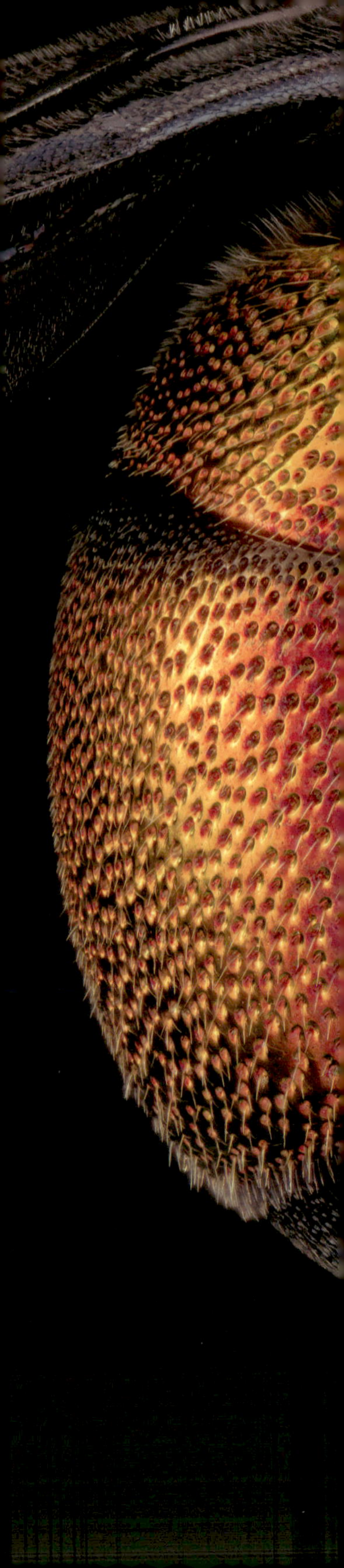

③

② Viele Goldwespen können ihren Körper zum Schutz eng zusammenrollen und so ihre Extremitäten schützen. Die Körperteile fügen sich dabei passgenau ineinander.
③ Im Porträt kommt der prachtvolle metallische Glanz der Oberfläche durch die scharf abgegrenzten dunklen Komplexaugen besonders gut zur Geltung.
④ Der Legebohrer der Goldwespen ist meist im Hinterleib verborgen und wird bei Bedarf segmentweise ausgefahren. Die letzten Segmente des Abdomens weisen bei vielen Goldwespen gattungs- und artspezifische Strukturen auf, hier sind es vier kräftige dornenartige Auswüchse und eine Reihe tiefer, rundlicher Einbuchtungen.

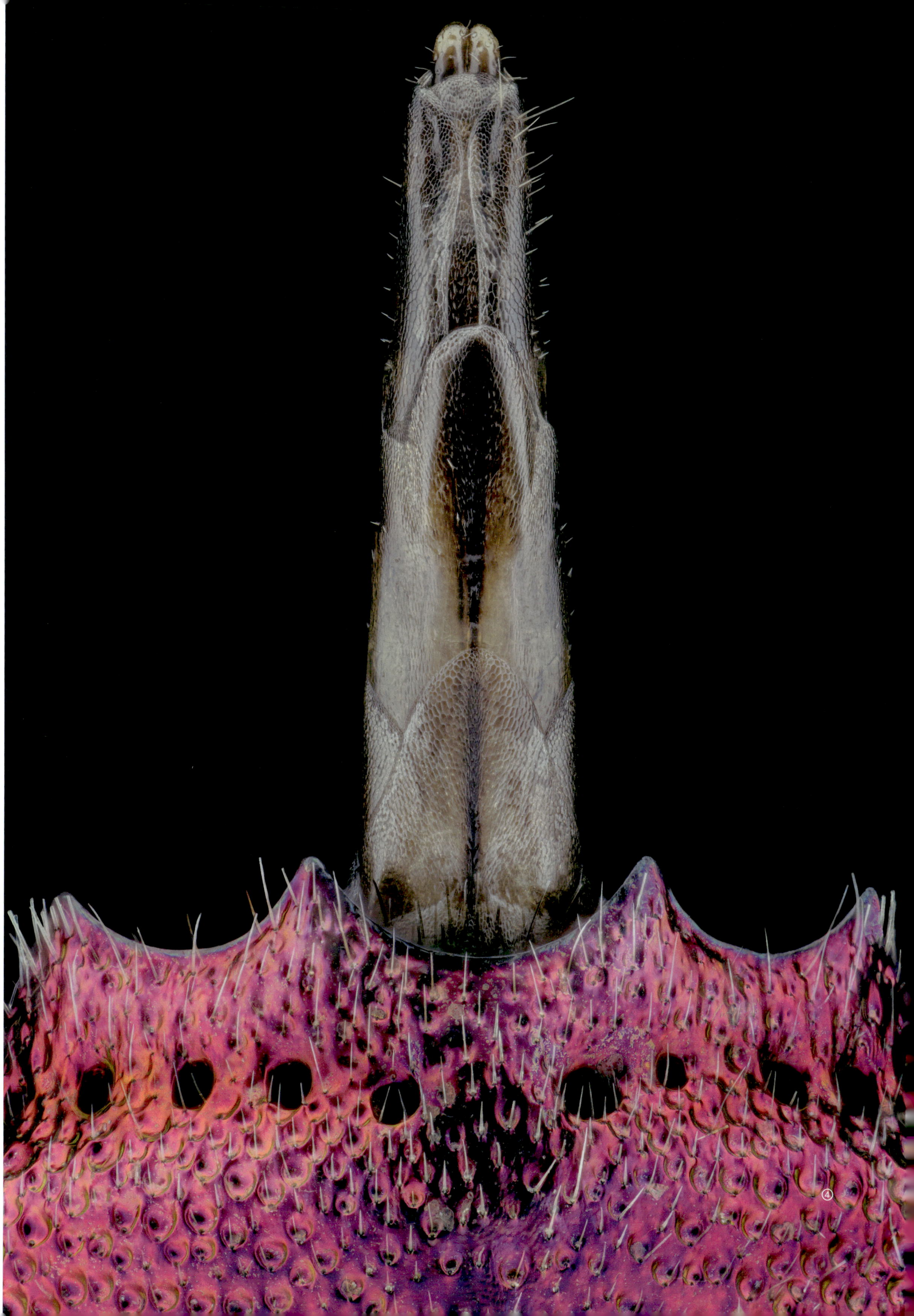

④

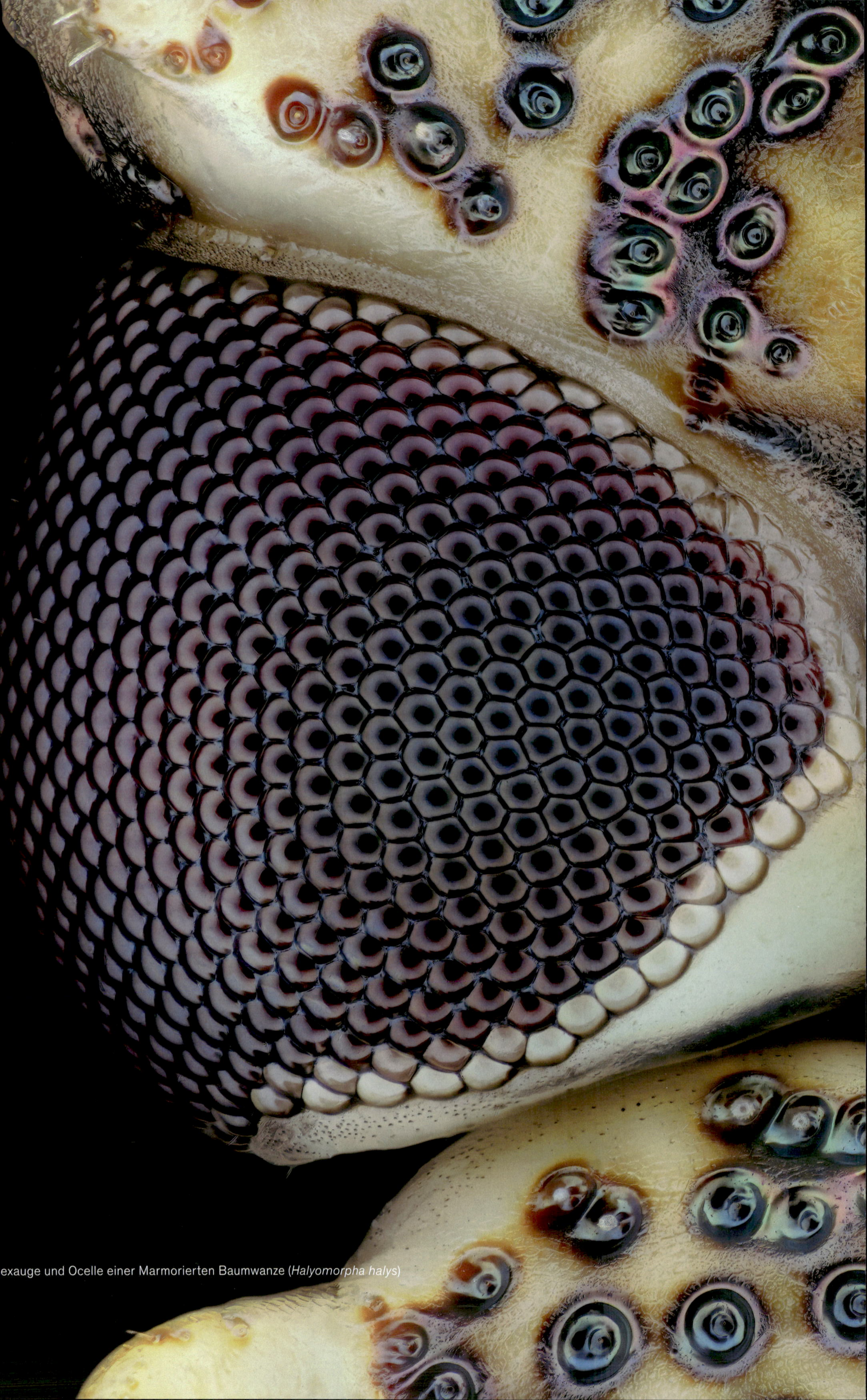

exauge und Ocelle einer Marmorierten Baumwanze (*Halyomorpha halys*)

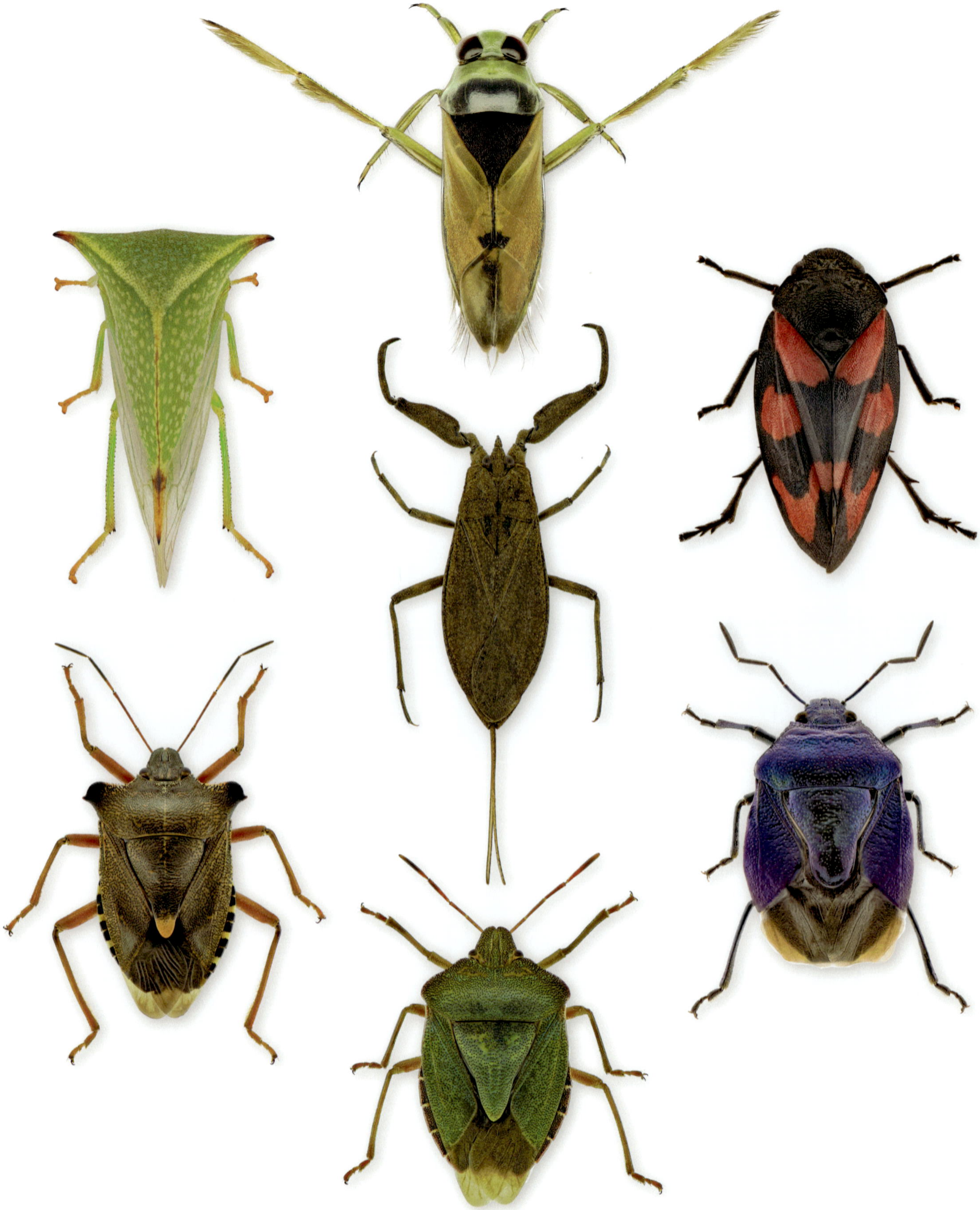

1. Gemeiner Rückenschwimmer (*Notonecta glauca*)
2. Gemeine Blutzikade (*Cercopis vulnerata*)
3. Blaugrüne Baumwanze (*Zicrona caerulea*)
4. Grüne Stinkwanze (*Palomena prasina*)
5. Rotbeinige Baumwanze (*Pentatoma rufipes*)
6. Büffelzikade (*Stictocephala bisonia*)
7. Wasserskorpion (*Nepa cinerea*)

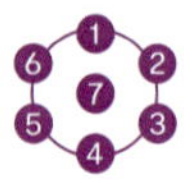

Die Ordnung der Schnabelkerfe

(Hemiptera)

Schnabelkerfe sind eine hemimetabole Insektenordnung. Zu ihnen zählen etwa Zikaden (Auchenorrhyncha), Pflanzenläuse (Sternorrhyncha) und Wanzen (Heteroptera). In Deutschland leben 2.520 Arten. Alle zu den Schnabelkerfen zählenden Gruppen zeichnen sich durch ihre stechend-saugenden Mundwerkzeuge aus.

Viele halten Wanzen auf den ersten Blick für Käfer. Im Gegensatz zu Käfern durchlaufen sie jedoch keine vollständige Metamorphose, sondern kommen bereits als fertiges Insekt ohne eindeutiges Larvenstadium zur Welt. Diese Nymphen häuten sich in der Regel fünfmal in ihrem Leben und entwickeln sich so von einer Miniwanze zum erwachsenen Tier. In den Flügelscheiden der Nymphen wachsen die Flügel heran, mit denen sie jedoch erst als erwachsene Tiere fliegen können. Der wissenschaftliche Name der Wanzen, Heteroptera, bedeutet „Verschiedenflügler" und bezieht sich auf ihre Halbdeckflügel (Hemielytre): Im Gegensatz zu den meist steifen Deckflügeln der Käfer sind die Vorderflügel der Wanzen nur zur Hälfte bis zu zwei Dritteln ausgehärtet. Zudem besitzen sie anders als Käfer keine Beißwerkzeuge, sondern einen Rüssel, das Rostrum, welches aus zwei sehr dünnen Röhren besteht. Mit diesem Rüssel wird die Beute angestochen und durch eines der Röhrchen Verdauungsflüssigkeit injiziert. Durch das andere saugt die Wanze den so entstehenden Nahrungsbrei ein. Je nach Art schlürfen die 889 bei uns vorkommenden Wanzenarten Pflanzen, Insekten oder auch Pilze. Manche Wanzen trinken so schnell, dass sie ihr Körpergewicht in wenigen Minuten mehr als verdoppeln können.

Von den Zikaden wurden bisher 638 Arten in Deutschland nachgewiesen. Auch sie sind erstaunlich farbenprächtig. Singzikaden (Cicadidae), welche mit ihrem Trommelorgan, dem Tymbalorgan, ihre markanten Laute erzeugen, erinnern uns vielleicht an einen Urlaub am Mittelmeer. Sie sind die einzigen Zikaden in Mitteleuropa, die für Menschen ohne Weiteres hörbar sind. Erst wenn wir jedoch achtsam durch hohes Gras laufen und genau hinsehen, können wir auch die Vielzahl der anderen, kleineren Zikadenarten umherspringen sehen.

Blattläuse (Aphidoidea) zählen bei vielen Menschen zwar eher zu den unbeliebten Gästen auf den Pflanzen im Garten, dem Balkon oder aber auf der Fensterbank. Doch übernehmen diese emsigen Insekten mehrere wichtige Aufgaben. Durch ihre Mundwerkzeuge saugen sie Säfte von Pflanzen auf, die sie so in ihren Beständen regulieren. Ihre Ausscheidungen nach der Verstoffwechselung sind für andere Insekten sehr reizvoll. Der sogenannte „Honigtau" findet sich oft auf Blattoberflächen und wird etwa von Schwebfliegen und anderen Insekten mit Vorliebe gefressen. Insgesamt gibt es 991 heimische Arten von Pflanzenläusen, zu denen auch Blattflöhe, Schildläuse und Mottenschildläuse zählen. Viele Blattlausarten vermehren sich übrigens mittels Jungfernzeugung, der Parthenogenese, ganz ohne männliche Nachkommen. Die nächste Generation wird vivipar, also lebend geboren. Interessanterweise sind die Nachkommen bei der Geburt schon selber „trächtig". Auf diese Weise können sie sich rasant vermehren.

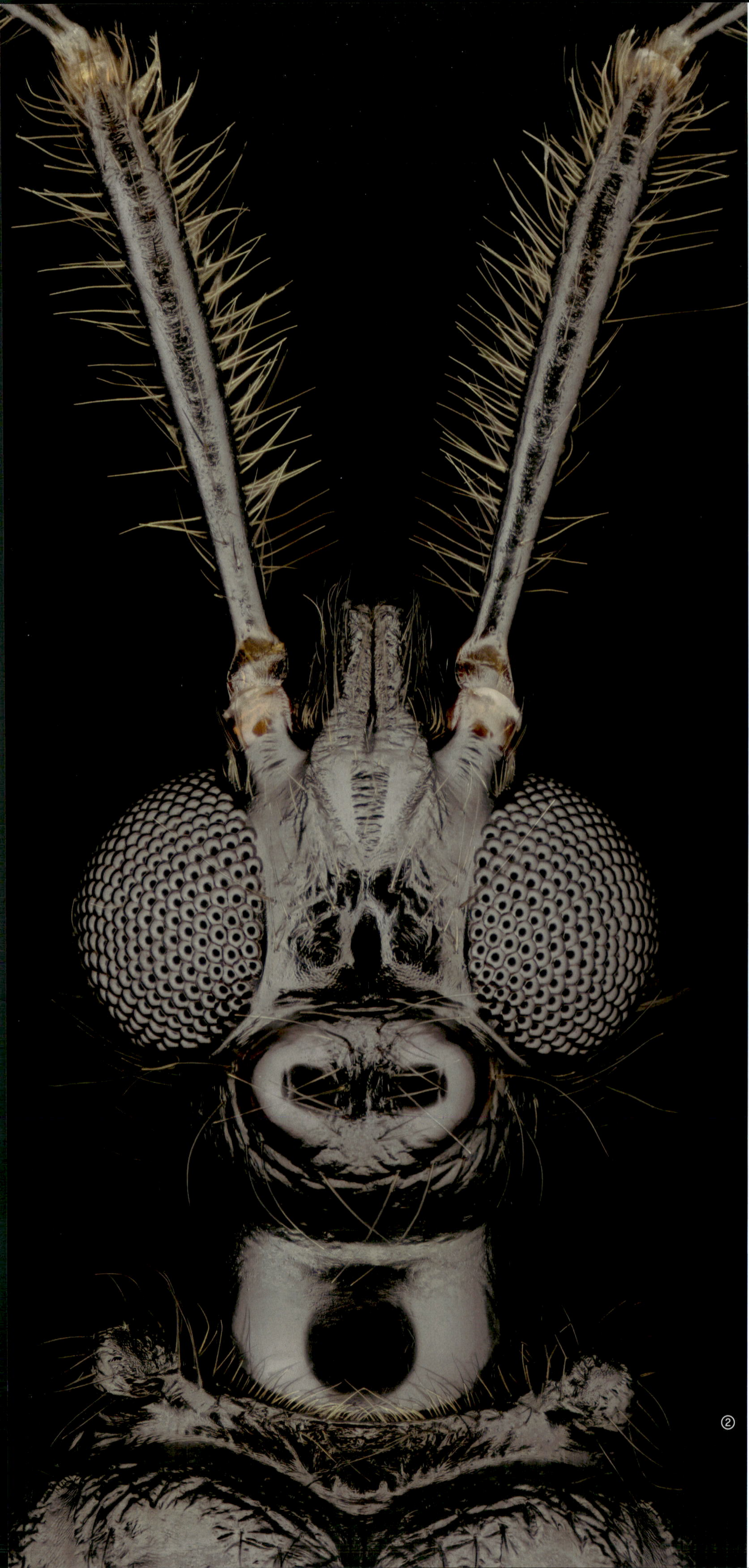
②

③

② Dorsale Ansicht des Kopfes einer adulten Staubwanze (*Reduvius personatus*) oder auch Maskierter Strolch genannt

③ Frontale Ansicht einer Staubwanzennymphe. Auf diesem Bild kann man Hausstaub, Textilfasern und Schmetterlingsschuppen entdecken.

④ Ihren Namen verdanken die Staubwanzen ihren Nymphen, an deren Körperoberfläche sich spezielle Drüsenhaare mit einem klebrigen Sekret befinden. Nach jeder Häutung überziehen sie ihre Körperoberfläche mit feinem Staub – eine Strategie zur Tarnung vor Fressfeinden. Die Raubwanzenart lebt auf abgestorbenen, trockenen Bäumen. Sie ist aber auch ein Kulturfolger und lässt sich regelmäßig in Gebäuden finden. An toten Bäumen tarnt sie sich mit feinem Bohrmehl von Totholzinsekten, in Häusern mit Hausstaub. Die Staubwanzennymphen lagern mitunter Unmengen davon auf ihrem Körper ab, um sich zu tarnen. So kommt es nicht selten vor, dass verdutzte Menschen in ihren Behausungen herumlaufende „Staubknäuel" entdecken.

④

⑥

⑤ Dorsale Ansicht einer Nymphe der Rotbeinigen Baumwanze (*Pentatoma rufipes*)
⑥ Büffelzikade (*Stictocephala bisonia*). Ursprünglich stammt sie aus Amerika. Anfang des 20. Jahrhunderts wurde sie nach Europa eingeschleppt.

① Männchen der Blauflügel-Prachtlibelle (*Calopteryx virgo*)

①

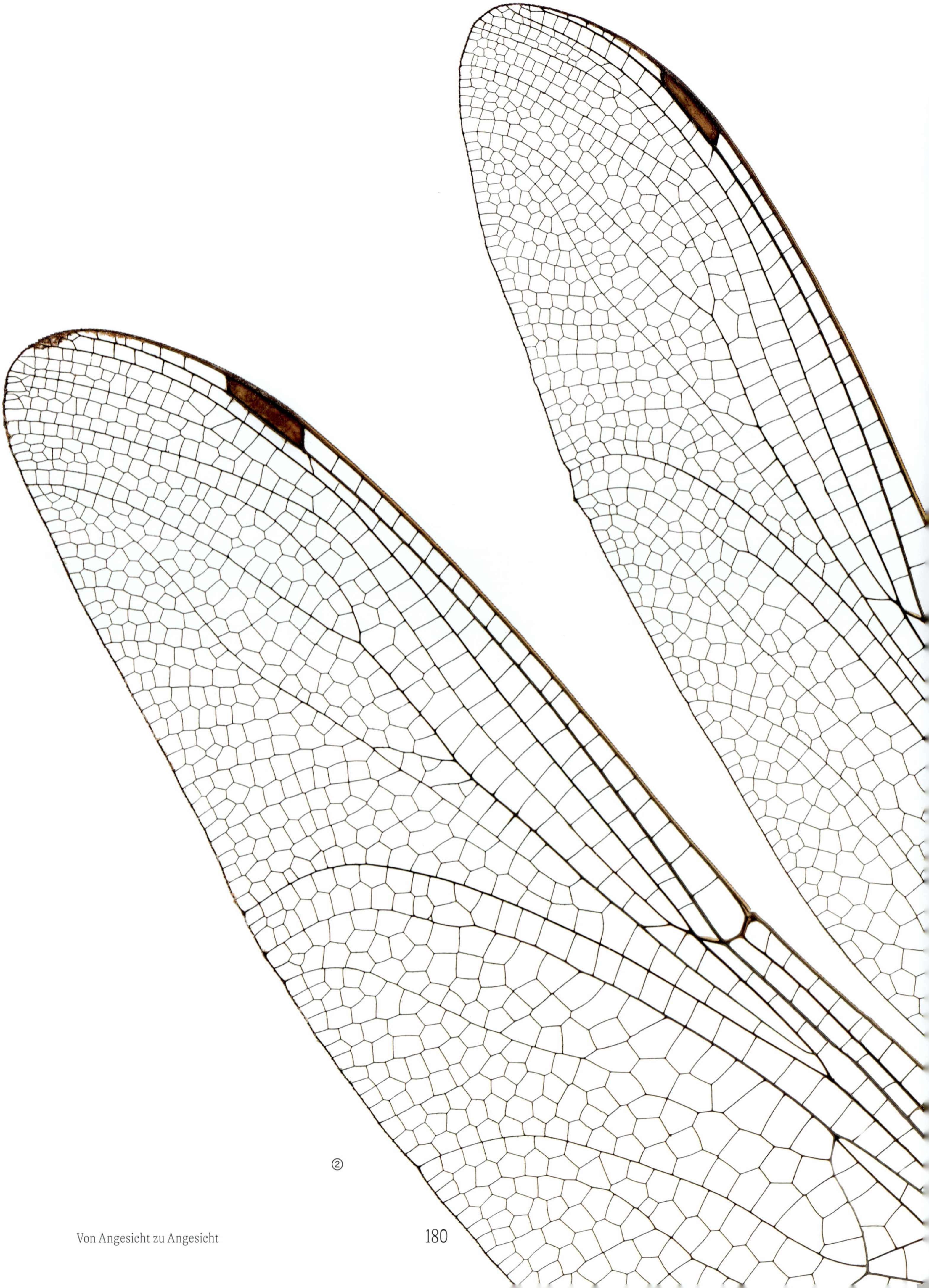

②

Die Ordnung der Libellen

(Odonata)

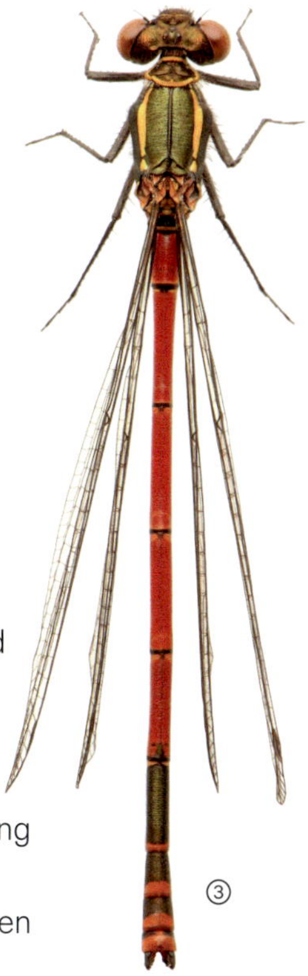

③

Die ersten Libellen gab es bereits vor 320 Millionen Jahren. Damit gehören sie zu den ältesten noch lebenden Tierordnungen der Erde. Am Ende des Karbon existierten Libellen mit einer Flügelspannweite von bis zu 70 Zentimetern, heute haben die größten einheimischen Arten eine Spannweite von 11 Zentimetern. Das Wort Libelle stammt aus dem Lateinischen und ist die Verniedlichungsform des Wortes Waage. Der Grund dafür ist die bildliche Entsprechung zwischen der T-förmigen Form einer Großlibelle in dorsaler Ansicht und einer Balkenwaage. Noch heute nennt man die Messeinrichtung mit eingeschlossener Luftblase, wie man sie etwa an Wasserwaagen findet, Libelle.

Die Flugeigenschaften der Libellen sind beeindruckend. Großlibellen beschleunigen von 0 auf 50 km/h viermal so schnell wie ein Formel-1-Rennwagen. Sie können jeden ihrer vier Flügel unabhängig voneinander bewegen, was sie zu extrem wendigen Jägern macht, die in der Luft stehen bleiben oder sogar rückwärts fliegen können. Ihre Flügel machen nur ein bis zwei Prozent des Körpergewichts aus und ermöglichen dennoch diese waghalsigen Flugmanöver. Neben der komplexen Aderung sind die Flügeloberflächen gewellt – eine raffinierte Konstruktion, die für enorme Stabilität sorgt.

Libellen besitzen bis zu 33 verschiedene Farbrezeptoren, wir Menschen nur drei. Ihre riesigen Komplexaugen, die aus bis zu 30.000 Einzelaugen bestehen, ermöglichen ihnen ein extrem großes Gesichtsfeld. Sie können zudem etwa zehnmal mehr Bilder pro Sekunde verarbeiten als wir Menschen. Dadurch besitzen sie eine extrem schnelle Reaktionszeit.

Libellen werden grob in Großlibellen (Anisoptera) und Kleinlibellen (Zygoptera) eingeteilt, wobei nur die Kleinlibellen ihre Flügel zusammenfalten können. Die Flügel der Großlibellen sind nur kurze Zeit nach dem Schlüpfen in dieser Position, nach der Aushärtung können sie ihre Flügel nicht mehr aufstellen. Bei Großlibellen ist zudem der Abstand zwischen den beiden Komplexaugen gering bis nicht vorhanden, bei Kleinlibellen deutlich.

In Deutschland existieren 81 verschiedene Arten – vom Flachland bis in 2000 Meter Höhe wie die Alpen-Mosaikjungfer (*Aeshna caerulea*). Es gibt zudem auch Wanderlibellen, die aus dem Süden zu uns kommen. So überquert die Frühe Heidelibelle (*Sympetrum fonscolombii*) jedes Jahr aus dem Mittelmeerraum kommend die Alpen und legt dabei bis zu 2.000 Kilometer zurück.

Libellen führen ein Leben als Raubinsekt in zwei Welten. Als Larve jagen sie mit einer hervorschnellenden Fangmaske blitzschnell zuschlagend unter Wasser, als erwachsene Libellen rasant über dem Wasser. Bei einigen Arten wie der Gemeinen Binsenjungfer (*Lestes sponsa*) dauert das Larvenstadium sechs bis acht Wochen. Bei Quelljungfern (Cordulegastridae), die in kalten, entwicklungshemmenden Fließgewässern leben, kann das Larvenstadium bis zu sieben Jahre dauern.

Bis auf zwei Ausnahmen überwintern alle heimischen Libellenarten entweder in einer geschützten Eiform oder als Larve am Gewässergrund. Nur die Gemeine Winterlibelle (*Sympecma fusca*) und die Sibirische Winterlibelle (*Sympecma paedisca*) überdauern den Winter als Imago. Bei kritisch niedrigen Temperaturen fallen sie in eine Kältestarre. Möglich macht dies eine Art Frostschutzmittel auf Glycerinbasis in ihrem Blut. Die Insekten erwachen an milden Wintertagen aus ihrer Starre. Dieser besondere Lebenszyklus ermöglicht unerwartete Libellenbeobachtungen selbst im tiefsten Winter.

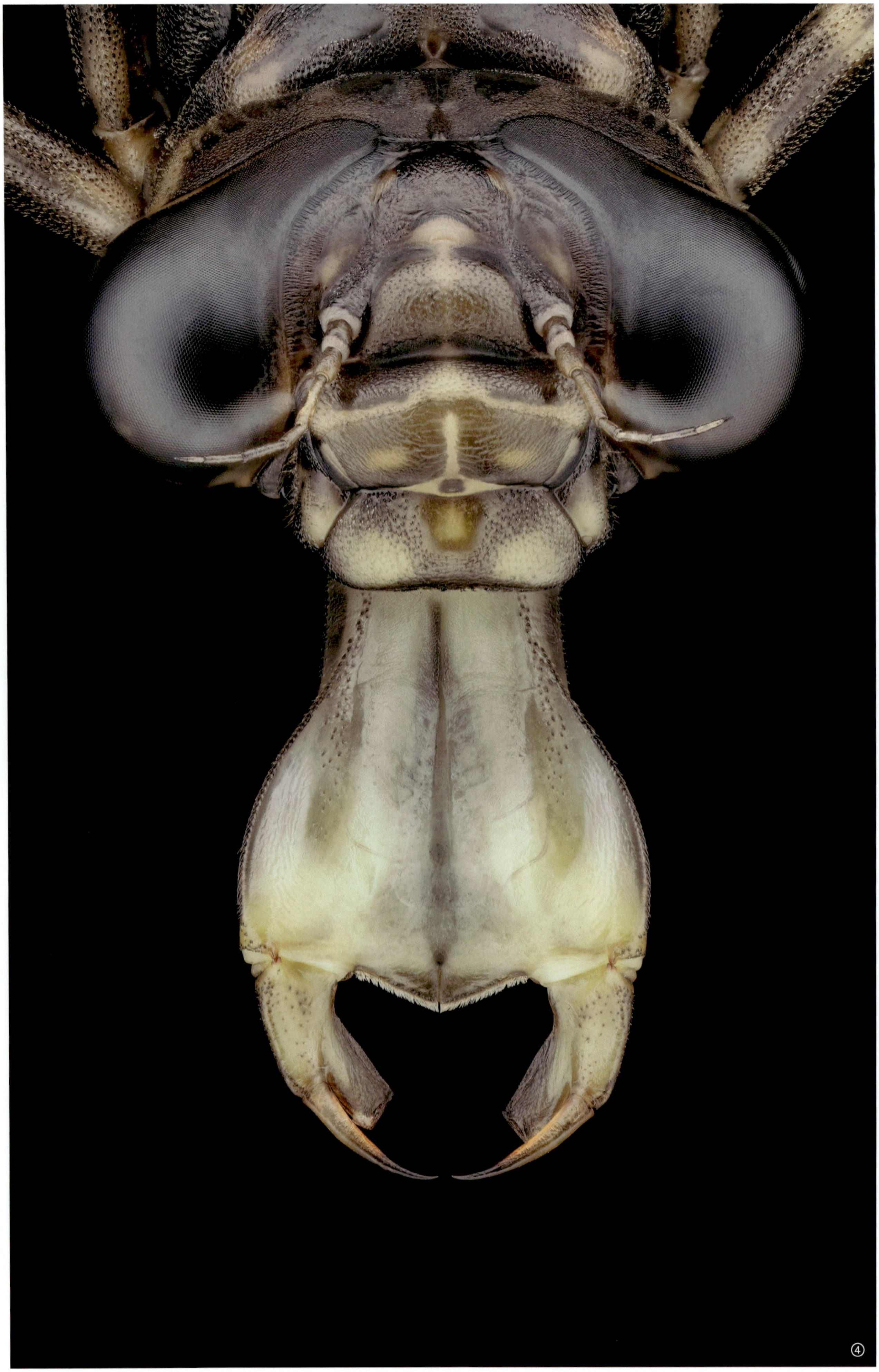

④

⑤

⑥

② Flügel einer Blaugrünen Mosaikjungfer (*Aeshna cyanea*). Jeder Flügel ist einzigartig: Kein Flügelmuster gleicht einem anderen.
③ Männchen der Frühen Adonislibelle (*Pyrrhosoma nymphula*)
④ Larve der Blaugrünen Mosaikjungfer. Gut zu erkennen ist die Fangmaske, sie besteht aus der verlängerten Unterlippe (Labium) der Larve und kann durch Muskelkraft blitzschnell nach vorne katapultiert werden.
⑤–⑥ Männchen der Blaugrünen Mosaikjungfer

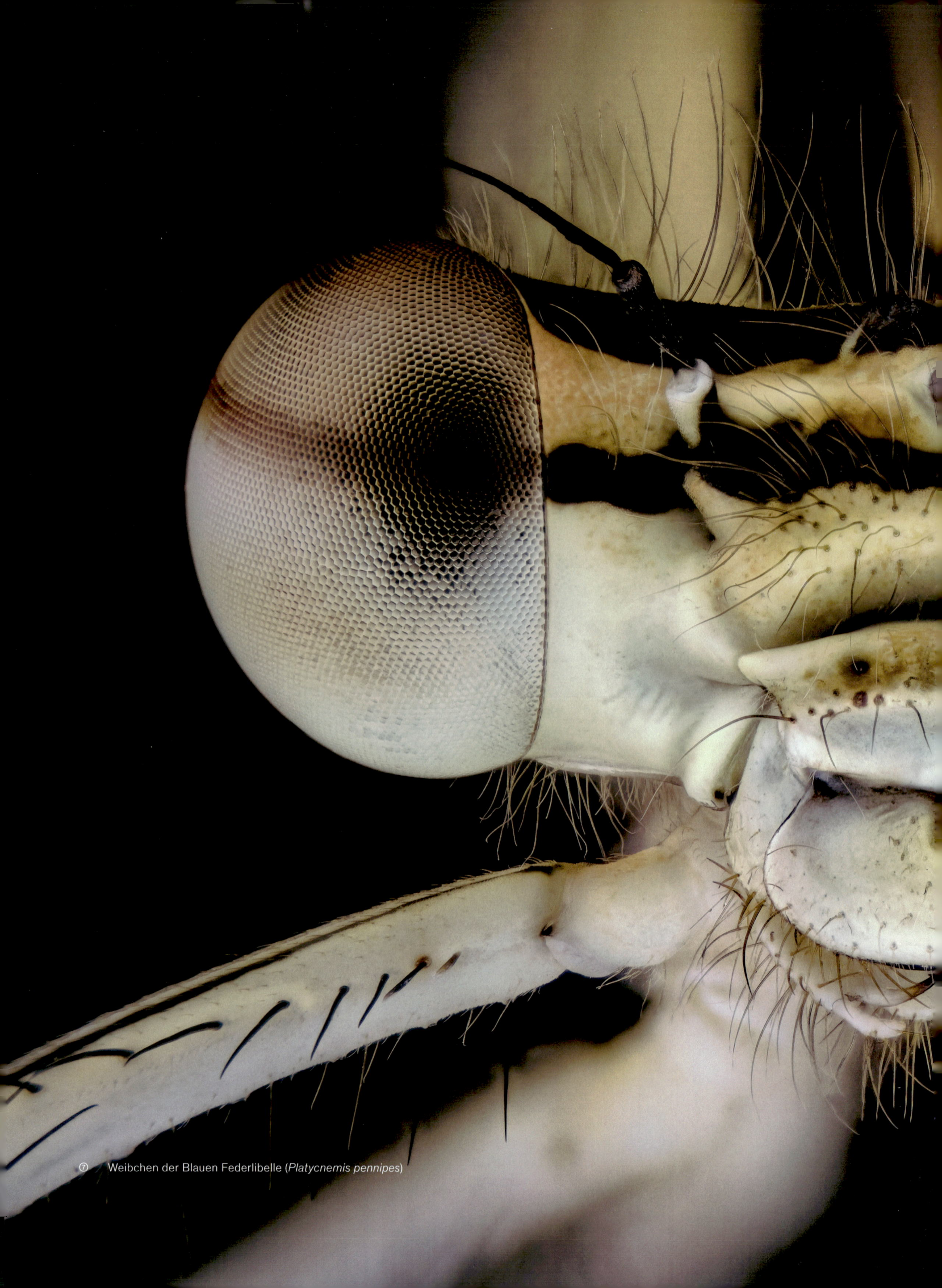

⑦ Weibchen der Blauen Federlibelle (*Platycnemis pennipes*)

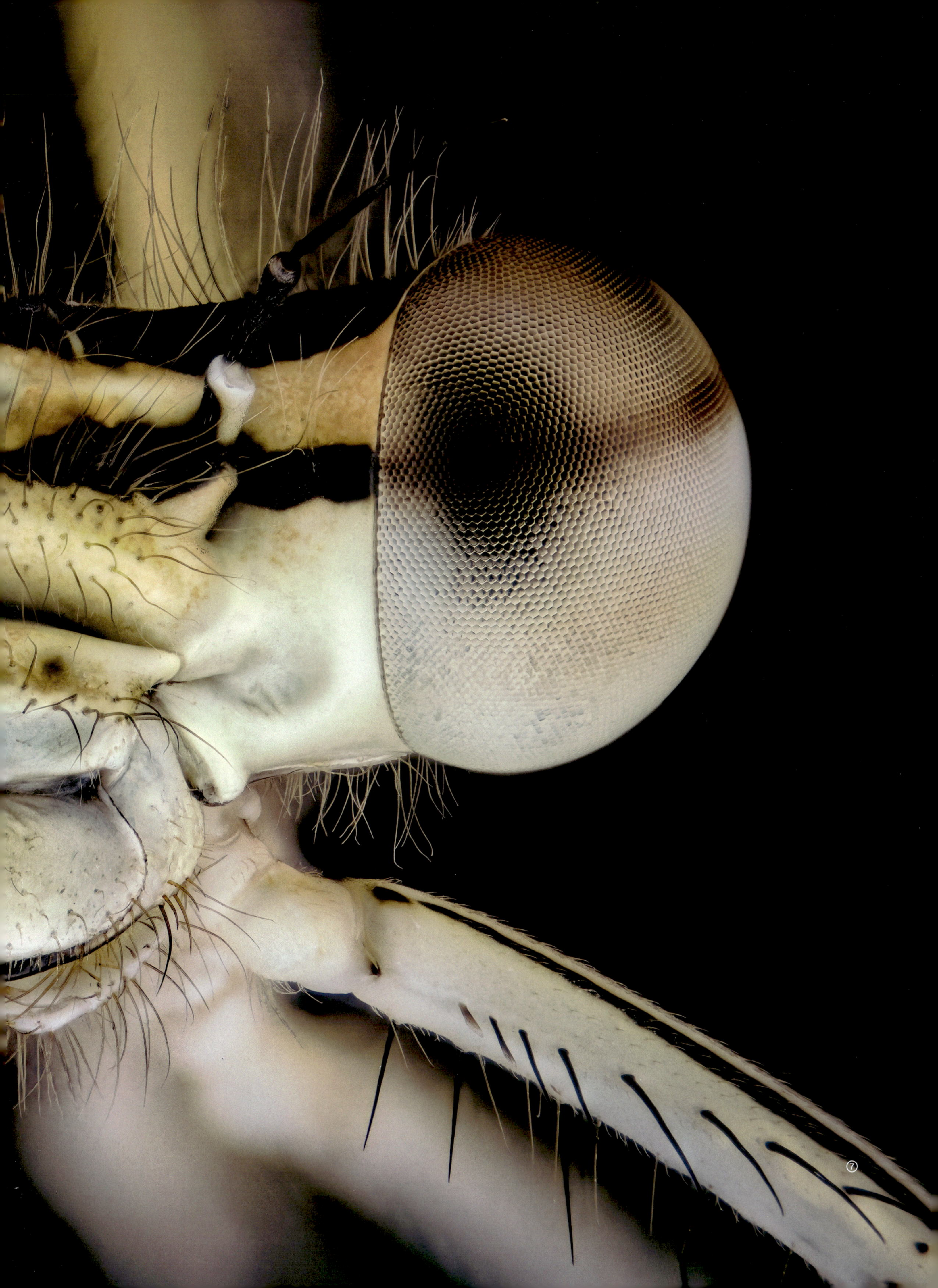
⑦

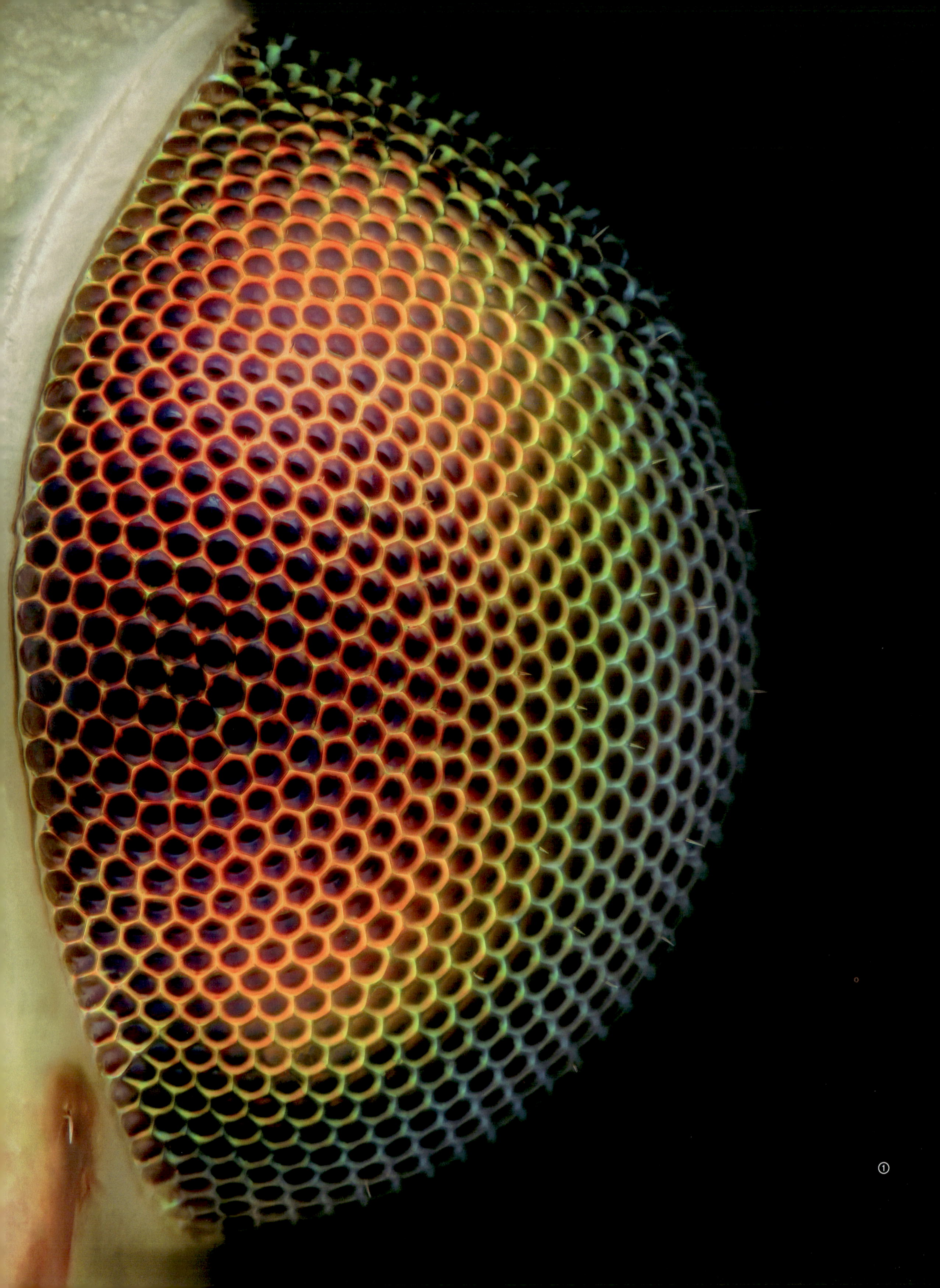

①

Die Familie der Florfliegen

(Chrysopidae)

Florfliegen zählen zu den Netzflüglern, welche neben Libellen als einzige einheimische Insektenordnung netzartige Flügelstrukturen aufweisen. Im Gegensatz zu den Libellen sind ihre Flügel jedoch immer länger als der Körper. In Deutschland kommen 30 verschiedene Arten der Familie der Florfliegen vor. Ihre Augen schimmern leuchtend golden, weshalb sie auch Goldaugen genannt werden. Florfliegen sind dämmerungs- und nachtaktiv. Die erwachsenen Tiere ernähren sich von Pollen, Nektar und Honigtau.

Die Gemeine Florfliege (*Chrysoperla carnea* s. l.) gehört zu den wenigen Florfliegen in unseren Breiten, die als Imago überwintert; ursprünglich in Totholz unter loser Rinde. Sie besiedeln aber auch gerne unsere Häuser als Winterquartier. Im Sommer findet man sie häufig an Lichtquellen in unseren Gebäuden.

Um nicht zur leichten Beute von Fledermäusen zu werden, können Florfliegen deren Ultraschallsignale hören. Sobald sie die Echoortungsrufe hört, legt sie ihre großen Flügel an den Körper an und lässt sich zu Boden fallen. So ist sie für die Fledermäuse nicht mehr zu orten.

Die bevorzugte Nahrung ihrer Larven, der Blattlauslöwen, sind Wollläuse (Pseudococcidae), Verwandte der Blattläuse. Diese Läuse ernähren sich von Pflanzensäften und sind stets in Gruppen anzutreffen. Sie besitzen weiße Wachsfäden am Körper, die einen unappetitlichen Schutz vor Fressfeinden bilden. Ameisen, die es auf den süßen Honigtau abgesehen haben, den sie den Läusen abgewinnen, pflegen diese und verteidigen sie gegen Feinde. Eine Florfliegenlarve schnappt sich zunächst unbemerkt eine Laus, die sich zu weit von der Herde entfernt hat. Dann führt sie einen raffinierten Tarntrick aus: Sie „schert" die erbeutete Wolllaus mit ihren nach innen gebogenen Zangen ab und wickelt sich die „Wolle" auf den eigenen Rücken. Dort haftet diese dank kleiner Härchen wie ein Klettverschluss. Sie ist optisch und vom Geruch her nun kaum noch von anderen Läusen zu unterscheiden. Auch die wachenden Ameisen registrieren sie nicht. So mischt sich der Blattlauslöwe nun unter die Herde und saugt mit seinen Bohr- und Mundwerkzeugen Laus um Laus aus. Dazu wird der Beute ein Verdauungssekret injiziert, welches diese innerhalb von 90 Sekunden innerlich auflösen kann. Bis zu 100 Läuse pro Tag kann sie so verspeisen. Bei Nahrungsmangel gehen sie auch größere Tiere wie Marienkäferlarven oder gar Artgenossen an und verzehren diese.

Ihre Eier legen Florfliegen an der Unterseite von Blättern ab. Damit diese nicht zur leichten Beute werden, hängen sie an hauchdünnen Fäden herab. Um einen sogenannten Eistiel zu erzeugen, sondert die Florfliege zunächst aus ihren Drüsen einen Tropfen Proteinsekret ab, der fest an der Blattunterseite haftet. In diesen Tropfen legt sie ein Ei und zieht dieses nach unten. So entsteht ein Seidenfaden, der in Sekundenschnelle aushärtet. Die Eistiele sind fünfmal dünner als ein durchschnittliches menschliches Haar und haben einen Durchmesser von nur 10 Mikrometern. Trotzdem sind sie unglaublich biegesteif. Selbst bei umgedrehten Blättern zeigt der Eistiel immer noch nach oben und wird trotz des Gewichts des Eis nicht verbogen oder gestaucht.

②

① Komplexauge einer Florfliege (Chrysopidae): Farbvielfalt im Maßstab 50:1

② An ein Blatt geheftetes Florfliegenei mit charakteristischem Eistiel

③

④

③ Florfliege, Imago
④ Die Larve einer Florfliege. Sie wird auch Blattlauslöwe genannt.
⑤ Rand des Flügels einer Florfliege

5

②

① Frontalansicht einer adulten Ameisenjungfer (Myrmeleontidae)
② Die kräftigen Oberkieferzangen der Larve, des Ameisenlöwen, dienen zum Festhalten der Beute.

Die Familie der Ameisenjungfern

(Myrmeleontidae)

Ameisenjungfern zählen zur Ordnung der Netzflügler (Neuroptera). Von ihnen existieren elf verschiedene Arten in Mitteleuropa. Während das erwachsene Tier an eine filigrane Kleinlibelle erinnert, so beflügelten ihre räuberisch lebenden, bullig anmutenden Larven seit jeher die Fantasie der Menschen. Sie leben versteckt im Sand sowie im Mulm hohler Bäume und haben sogar einen komplett anderen Trivialnamen, der auf ihre predatorische Lebensweise hindeutet. Man nennt sie Ameisenlöwen. Es finden sich zahlreiche Mythen aus der Antike, sowie biblische Erwähnungen. Heutzutage sind es Filmmonster, deren Entstehung mitunter durch Ameisenlöwen inspiriert wurde, etwa in Star Wars, Final Fantasy oder Pokémon.

Ameisenlöwen legen kreisförmige Trichter im Sand an. Bei genauer Betrachtung erspäht man am Grund dieses Bauwerks zwei kräftige Zangen. Hier fängt er Ameisen und andere kleine Tiere wie Asseln, Spinnen oder Tausendfüßler mit einer raffinierten Methode. Auf diese Weise hat er sich eine eigene ökologische Nische erschlossen. Für den Trichterbau benötigt ein Ameisenlöwe etwa eine halbe Stunde. Zuerst gräbt er einen runden Graben, den er dann nach innen immer weiter vertieft. Dazu schleudert er mit seinen kräftigen Zangen Sand bis zu dreißig Zentimeter weit weg. Der Trichter muss so steil sein, dass der lose Sand sofort in Bewegung gerät, wenn ein Insekt ihn betritt. Dieser sogenannte Reibungswinkel beträgt bei Sand etwa 30 Grad.

Überquert ein Beutetier den Trichterrand, gibt es kein Zurück mehr, da es mit dem lockeren Sand der steilen Trichterhänge zu Boden rutscht. Nähert sich ein Beutetier dem Rand oder versucht zu fliehen, wirft der Ameisenlöwe gezielt Sand auf das Opfer, um das Abrutschen zu fördern. Am Boden des Trichters wartet eingegraben der Ameisenlöwe mit seinen kräftigen Kieferzangen, die auf der Innenseite zusätzlich mit spitzen Greifdornen versehen sind. Damit packt er seine Beute und injiziert ihr zunächst ein lähmendes Gift, damit sie nicht mehr fliehen kann. Danach erhält sie eine Dosis Verdauungssaft, der ihr Inneres auflöst. Diese flüssige Nahrung saugt der Ameisenlöwe aus. Die leere Hülle wird anschließend aus dem Trichter geschleudert. Der schmalere Unterkiefer des hochspezialisierten Ameisenlöwen liegt erstaunlicherweise in einer unterseitigen Rinne der mächtigen Oberkieferzangen. Der Raum zwischen Ober- und Unterkiefer bildet einen Saugkanal, über den er seine Nahrung aufnimmt. Innerhalb der Unterkiefer verläuft der Giftkanal.

Die äußere Körperhülle eines Ameisenlöwen ist fast vollständig geschlossen. Es gibt keine Exkremente, da die Nahrung vollständig verwertet wird. So kann zum einen kein Sand in den Körper eindringen, zum anderen wird so ein Wasserverlust in seinem trocken-heißen Lebensraum verhindert. Sein Körper ist mit Borsten bedeckt, die alle nach vorne gerichtet sind. Dadurch fixiert der Ameisenlöwe seinen Körper wie einen Pfropfen im lockeren Sand. Zusätzlich lagern sich Sandkörner zwischen den Haaren ab, so dass er perfekt getarnt ist.

Die Larven häuten sich zweimal, bis sie sich unterirdisch in einen Kokon einspinnen und verpuppen. Die gesamte Entwicklung dauert etwa zwei Jahre. Im Sommer schlüpft die erwachsene Ameisenjungfer.

③

④

⑤

⑦

⑥

③ Geschlossener Kokon einer Ameisenjungfer
④ Im Kokon streift der Ameisenlöwe seine letzte Haut ab und die Puppe der Ameisenjungfer kommt zum Vorschein.
⑤ Ist die Verpuppung abgeschlossen, verlässt die Ameisenjungfer den Kokon, zurück bleibt die Puppenhaut.
⑥ Frisch geschlüpfte Ameisenjungfer auf der Suche nach einem geeigneten Platz, um ihre Flügel zu entfalten.
⑦ Ein Baum dient als günstiger Platz zum Aufpumpen und Aushärten der Flügel.

⑧

⑧ Gesamtansicht eines Ameisenlöwen. Mit seiner grau-braunen Grundfärbung ist er optimal an den Untergrund angepasst. Die Tiere sind im Schnitt 1,5 cm groß.

⑨ Ansicht der Kieferzangen-Unterseite. Die schmalen Unterkiefer sind in eine Rinne des Oberkiefers eingepasst. Der Zwischenraum zwischen Ober- und Unterkiefer wirkt durch Kapillarkräfte wie ein Saugrohr.

⑨

Glossar, Hintergrund & Recherche, Aufnahmetechnik

Glossar und Abkürzungsverzeichnis

A

Abdomen: Der Hinterleib von Insekten. Es schließt am Thorax an und besteht aus mehreren Segmenten, meist 11 Stück. Im Abdomen finden sich u. a. die Verdauungsorgane sowie die Geschlechtsorgane. Die Segmente bestehen jeweils aus einer Rücken- und einer Bauchplatte. → Tergit oder Sternit.

Adult: Aus dem Lateinischen, bedeutet „erwachsen". Die Lebensphase nach Eintritt der Geschlechtsreife. Insekten, die das Larven- und Puppenstadium oder ihr letztes Nymphenstadium abgeschlossen haben, werden als adult bezeichnet. Häufig wird auch der Begriff Imago verwendet. → Imago.

Alae: Die Flügel der Insekten. Es handelt sich um Ausstülpungen auf der Rückenseite des Thorax der Insekten mit solchen Anlagen. Diese 4 Flügel sind mit dem Körper über komplexe Gelenkstücke verbunden. Es gibt jedoch auch Insektenordnungen ohne diese Anlagen, beispielsweise die Felsenspringer (Archaeognatha).

Antennae: Die Fühler oder Antennen der Insekten. Das am Kopf liegende, gegliederte Extremitätenpaar, das mit Sensillen für den Tast- und Geruchssinn ausgestattet ist. Sie sind immer paarig vorhanden. Ihre Gestalt kann enorm vielfältig sein und es finden sich verschiedenste Fühlerformen, z. B. perlschnurartige, gekämmte oder gesägte Fühler. Als Beispiel für auffällige Fühler können die adaptierten Fühler der Männchen des Violetten Ölkäfers (*Meloe violaceus*) genannt werden, die eine wichtige Rolle bei der Paarung spielen.

Arista: Fühlerborste bei Fliegen, Teil einer besonderen Antennenform. Bei dieser sind die Geißelglieder weitgehend zurückgebildet, die Arista befindet sich als borstenartiger Fortsatz, der oft gefiedert ist, am ersten Geißelglied (also dem dritten Antennenglied). → Antennae.

B

Biosphäre: Als Biosphäre bezeichnet man alle Bereiche der Erde, in denen Lebewesen zu finden sind. In ihr befinden sich die Ökosysteme, in denen Lebewesen gemeinsam mit der unbelebten Umwelt interagieren. Die Luft, in der sich fliegende Lebewesen befinden, ist Teil der Biosphäre, aber auch die tiefen, belebten Bereiche der Tiefsee.

C

Caput: Der Kopf der Insekten. An ihm befinden sich u. a. die Augen, Antennen sowie die Mundwerkzeuge. Er entsteht aus mehreren zusammengewachsenen Segmenten, wobei der Entwicklungsursprung noch nicht abschließend geklärt ist.

Cantharidin: Ein Abwehrsekret, genauer ein Terpen, das von verschiedenen Käfern produziert wird. Viele heimische Ölkäfer, wie etwa der Violette Ölkäfer (*Meloe violaceus*), produzieren es in ihren Körpern. Bei hoher Dosierung kann es für den Menschen reizend oder toxisch wirken.

Chitin: Ein strukturbildendes Biomolekül, das der Cellulose gleicht. Bei Insekten ist es der häufigste Bestandteil des Exoskeletts. Es kann enorm feste Bindungen eingehen, was der Grund für die Stabilität ist. Bei besonders stark gepanzerten Käfern, wie beispielsweise dem Rosenkäfer, liegt es verhältnismäßig rein vor.

D

Dark Taxa: Wissenschaftlich noch nicht beschriebene und damit unentdeckte Arten, die morphologisch häufig schwer zuzuordnen sind. In Deutschland finden sich besonders viele Dark Taxa innerhalb der parasitoiden Wespen oder bei den Mücken. Das Problem ist, dass solche unbekannten Arten z. B. im Bereich Biodiversitätsmonitoring und Naturschutz nicht berücksichtigt werden können und wir so wichtige Arten mit ihren Funktionen in den Ökosystemen verlieren, ohne sie samt ihrer Rolle überhaupt verstehen zu können.

dorsal: Die Rückenseite betreffend, rückseitig.

E

Echoortung: Orientierungsstrategie eines Tieres im Raum, indem es aktiv Schallwellen aussendet und anschließend das Echo aufnimmt und interpretiert. Besonders bekannt ist das Verhalten von Fledermäusen, die Insekten als Beutetiere orten. Einige Insektenarten nehmen die Echoortungsrufe von Fledermäusen war, wie die Gemeine Florfliege (*Chrysoperla carnea*), die sich zum Schutz bei Wahrnehmung der Rufe fallen lässt.

Elytra: Deckflügel bzw. Flügeldecke, verhorntes Paar der Vorderflügel bei einigen Insekten. Vor allem bei Käfern (Coleoptera) und Ohrwürmern (Dermaptera).

Exoskelett: Die Cuticula der Insekten, auch Außenskelett genannt. Eine Stützstruktur für das Insekt, die eine stabile äußere Hülle um dieses bildet. Sie besteht aus Chitin und Sklerotin. → Chitin oder Sklerotin.

Engerling: Käferlarve, die zur Verwandtschaft der Blatthornkäfer gehört, also allen Käferfamilien innerhalb der Überfamilie Scarabaeoidea. Engerlinge zeichnen sich durch einen mehr oder weniger stark gekrümmten Körper aus, der oft c-förmig ist. Sie besitzen eine hart chitinisierte Kopfkapsel mit kräftigen Mandibeln und kleine, meist kurze Beine. Ihr Leben verbringen sie im Substrat verborgen, weshalb der Körper recht dünnhäutig ist. Beispiele für Engerlinge sind die Larven des Goldglänzenden Rosenkäfers (*Cetonia aurata*) im Mulm toter Bäume oder in wurzeldurchzogener Blumenerde, sowie die des Feldmaikäfers (*Melolontha melolontha*) in der Erde.

Entomologie: Die Insektenkunde, abgeleitet von dem Griechischen éntomon für „Insekt" oder „das Eingeschnittene". Teilbereich der Zoologie, der sich mit Insekten (Insecta) befasst. Das Feld besteht aus unzähligen Disziplinen, zu denen beispielsweise die Faunistik, die Ökologie, die Zoogeographie, die Systematik oder der Naturschutz zählen. Eine forschende Person in diesem Bereich wird als Entomologin oder als Entomologe bezeichnet.

Ei: Das früheste Entwicklungsstadium eines Insekts. Die Schale entwickelt sich noch im Mutterleib. Dort muss eine Samenzelle die Mikropyle finden, eine Öffnung an einem Ende der Eizelle. Auf diese Gelegenheit warten gespeicherte Samenzellen im Körper der Mutter manchmal jahrelang. Mit der Vereinigung der beiden Zellen beginnt die Entwicklung der Insektenlarve. Die Form und Struktur eines Insekteneis kann enorm unterschiedlich sein. Auch die Art der Gelege ist sehr vielfältig und reicht von einzelnen Eiern bis zu ganzen Gelegen mit zahlreichen Eiern. → Eispiegel.

Eispiegel: Regelmäßig angeordnetes, clusterartiges Eigelege von Insekten, das immer auf einem Untergrund abgelegt wird. Form und Zahl der Eier des Geleges sind dabei arttypisch. Eispiegel finden sich beispielsweise bei vielen Schmetterlingen oder Wanzen. → Ei.

F

Facettenaugen: Siehe Komplexaugen.

Fangmaske: Stark verlängerte Unterlippe (Labium) einiger Insekten, die dem Beutefang dient und zu diesem Zweck blitzschnell vorgeklappt oder ausgestülpt werden kann. Eine ausklappbare Fangmaske findet sich bei den Larven der Libellen (Odonata), eine ausstülpbare Fangmaske bei Kurzflügler-Käfern der Gattung *Stenus*.

Forensische Entomologie: Teilgebiet der Forensik, d.h. der kriminalistischen Untersuchung von Straftaten, sowie der Entomologie (Insektenkunde) Die forensische Entomologie bedient sich der Insektenkunde zur Aufklärung von Kriminalfällen, vornehmlich von Tötungsdelikten. Aus der Besiedlung menschlicher Leichen durch verschiedene Insektenarten lassen sich z.B. Hinweise auf die Entwicklungsdauer einzelner Arten und somit Informationen über mögliche Liegezeiten des Leichnams, einen Transport des Leichnams nach dem Todeszeitpunkt oder sogar über die Todesumstände gewinnen.

frontal: Die Vorderseite betreffend (Porträt).

G

Geißelglied: Teil des Insektenfühlers, die Glieder ab dem 3. Fühlerglied. Der Fühler ist insgesamt aus einem Scapus (Grundglied), dem

Pedicellus (Wendeglied, 2. Glied) sowie der Geißel, auch Flagellum genannt, aufgebaut. → Antennae.

Halteren: Schwingkölbchen, singular Haltere. Bei Mücken sind sie meist deutlich ausgeprägt und stehen frei vom Körper ab, bei Fliegen sind sie meist durch eine deutliche helle Schuppe verdeckt und weniger gut sichtbar.

H

Hämolymphe: Die zirkulierende Körperflüssigkeit der Insekten. Ein hoch entwickeltes Atmungssystem ermöglicht eine fast vollständige Reduzierung des Blutgefäßsystems.

Häutung: Ein hormonell gesteuerter Wachstumsvorgang in der Entwicklung. Da die Insekten ein Exoskelett haben, können sie nur wachsen, wenn diese Hülle von Zeit zu Zeit erneuert wird. Um sich neuen Größenverhältnissen anpassen zu können, muss in bestimmten Zeitabständen die alte Hülle abgestoßen werden. Sie wird Exuvie genannt. Darunter liegt eine neue, potenziell größere Hülle vor, die nach kurzer Zeit aushärtet und ihre Schutzfunktion erfüllen kann. Bei Insekten sind es die Larven und Nymphen, die sich häuten. Adulte Insekten wachsen nicht mehr. Ihre Größe wird durch das Exoskelett begrenzt. → Exoskelett.

Hemielytre: Die Vorderflügel von Wanzen (Heteroptera), auch Halbdeckflügel genannt. Sie sind etwa zur Hälfte bis zu zwei Dritteln verhärtet und bestehen aus einem derben vorderen Bereich (Corium) sowie einer häutigen, dünnen hinteren Membran. → Elytren.

Hemimetabole Entwicklung: Entwicklunsform bei Insekten, bei der sich eine Art graduell entwickelt, in dem jedes einzelne Entwicklungsstadium durch eine Häutung beendet wird. Mit jeder Häutung nähern sie sich immer mehr dem adulten Stadium morpho-logisch an. Die Larven der hemi-metabole Insekten werden auch Nymphen genannt. Oft ähneln sie im Aussehen dem späteren, adulten Insekt. Zu den hemimetabolen Insekten zählen z. B. Schnabelkerfe (Hemiptera), Heuschrecken (Orthoptera) und Libellen (Odonata). Man fasst Insekten mit einer hemimetabolen Entwicklung daher auch als Hemimetabola zusammen.

Holometabole Entwicklung: Entwicklungsform bei Insekten, bei der eine Art eine vollständige Metamorphose durchläuft. Aus dem Ei schlüpft eine Larve, die sich in der Puppe zum ausgewachsenen Insekt entwickelt. Die Entwicklungsstadien unterscheiden sich in ihrem Aussehen deutlich vom späteren, adulten Insekt. Zu den holometabolen Insekten zählen z. B. Zweiflügler (Diptera), Hautflügler (Hymenoptera) und Käfer (Coleoptera). Man fasst Insekten mit einer holometabolen Entwicklung daher auch als Holometabola zusammen. → Metamorphose.

Honigtau: Zuckerhaltiges Ausscheidungsprodukt verschiedener Schnabelkerfe (Hemiptera), vor allem bei Pflanzenläusen. Diese Insekten ernähren sich vom Saft aus dem Phloem bzw. den Siebröhren verschiedener Pflanzen. Durch den hohen Druck in diesen Bereichen des Pflanzengewebes nehmen die Insekten große Mengen an Flüssigkeit auf und müssen diese in Form von Honigtau wieder abgeben. Honigtau stellt eine wichtige Nahrungsgrundlage anderer Insekten, z. B. Schwebfliegen, dar.

Hypermetamorphose: Sie durchlaufen gleich zwei grundlegende Gestaltwandel. Dazu zählen z. B. einige Ölkäfer (Meloidae), Erzwespen (Chalcidoidea) und Fanghafte (Mantispidae). → Metamorphose.

I

Insekt: Stammt von dem lateinischen Wort insectum ab, was so viel wie „eingeschnitten" bedeutet. Dies bezieht sich auf die drei deutlich abgetrennten Körperteile von Insekten: Hinterleib (Abdomen), Brust (Thorax) und Kopf (Caput).

Imago: Die Imago (Mehrzahl Imagines) ist das aus den Jugendstadien hervorgegangene geschlechtsreife Insekt, die adulte Form.

Imkerei: Die Beschäftigung mit der Haltung, Vermehrung und Zucht von Honigbienen sowie mit der Produktion von Honig und weiteren Bienenprodukten. Es handelt sich je nach Betrachtung um eine Form der Tiernutzung, -wirtschaft oder -ausbeutung.

Interferenzfarben: Farben, die durch lichtbrechende Oberflächen entstehen. Sie finden sich bei vielen metallisch gefärbten Insektenarten. Auch die häutigen Flügel der Insekten weisen Interferenzfarben auf, die vor allem vor schwarzem Hintergrund deutlich werden.

K

Kleptoparasitismus: Eine schmarotzende Lebensweise, abgeleitet vom Altgriechischen kléptein, „stehlen", und parásitos, „bei einem Anderen essend, Schmarotzer". Er bezeichnet das Ausnutzen von Leistungen einer anderen Art für die eigene Entwicklung, beispielsweise durch das Stehlen von Nahrung oder das Ausnutzen von fremden Nistgelegenheiten. Ein Beispiel ist die Schneckenhaus-Goldwespe (*Chrysis trimaculata*), deren Larve die Nistvorräte der Goldenen Schneckenhaus-Mauerbiene (*Osmia aurulenta*) auffrisst. Es handelt sich jedoch um keine echte Form des Parasitismus. → Parasitismus.

Kokon: Ein mit Hilfe eines Sekrets hergestelltes Gehäuse zum Schutz der Eier oder der Puppe. Er dient als räumlicher Schutz vor Fressfeinden. Ein Beispiel für einen Kokon mit Eiern sind die Ootheken der Gottesanbeterin (*Mantis religiosa*), die unter Steinen oder an witterungsgeschützten Stellen in der Vegetation abgelegt werden. Sie werden von der Mutter angefertigt. Kokons mit Puppen holometaboler Insekten werden durch das letzte Larvenstadium hergestellt. Je nach Art werden sehr unterschiedliche Materialien für den Kokonbau verwendet. So besteht der Kokon des Goldglänzenden Rosenkäfers (*Cetonia aurata*) aus Sekret, Kot und mulmigem bis erdigem Substrat, der Kokon des Seidenspinners (*Bombyx mori*) aus Seidengespinst.

Komplexaugen: → Oculus compositus.

L

Larve: Bezeichnet bei Insekten eine Zwischenform in der Entwicklung vom Ei zum Erwachsenenstadium. Sie tritt bei holometabolen Insekten auf, die eine Metamorphose über ein Puppenstadium durchlaufen. Beispiele für Insektenlarven sind Maden, Raupen oder Engerlinge. → Holometabole Entwicklung.

Larviparie: Besondere Form des Lebendgebärens (Viviparie), bei der das Muttertier lebende Larven gebärt. → Viviparie.

lateral: Die Seite betreffend, seitlich.

Legimmen: Hautflügler (Hymenoptera) aus der Unterordnung der Taillenwespen (Apocrita), die ihren Legebohrer (Ovipositor) meist nutzen, um ihre Eier in noch lebende Wirtsorganismen abzulegen und sich als Parasitoid in diesem zu entwickeln. Ein Teil der Legimmen lebt jedoch an Pflanzen und bildet durch die Eiablage Gallen. Beispiele für Legimmen sind Brackwespen (Braconidae), Schlupfwespen (Ichneumonidae) oder Gallwespen (Cynipidae).

M

Made: Umgangssprachliche Bezeichnung für Fliegenlarven. Sie sind durch das vollständige Fehlen der Kopfkapsel und der Gliedmaßen gekennzeichnet. Maden leben in der Regel unmittelbar im Substrat, von dem sie sich ernähren, und legen keine Strecken mehr zurück. Augen und Beine sind daher für ihre Entwicklung nicht notwendig. Ein Beispiel für Maden sind die Larven der Goldfliege (*Lucilia sericata*), die sich in absterbendem oder totem Gewebe von Wirbeltieren entwickeln.

Mandibeln: Die typischen Mundwerkzeuge einiger großer Gruppen von Insekten, vor allem solche mit kauend-beißendem Mundwerkzeugtyp. Sie bestehen aus einer kräftigen Kaulade und dienen der Nahrungsaufnahme, dem Transport oder dem Sexualverhalten. Mandibeln können besonders hart sein und enthalten neben dem Chitin oft Mineralisierungen und sogar Metalleinlagerungen, z. B. bei Heuschrecken. Bei einigen Insekten, etwa den Männchen des Hirschkäfers (*Lucanus cervus*), können sie enorm auffällig ausgeprägt sein und dienen nicht mehr der Nahrungsaufnahme.

Maßstab: Einheitliche Verwendung in der Makro- und Mikrofotografie zur Beschreibung der Vergrößerung. Beim Maßstab 20:1 wurde das reale Objekt 20-fach vergrößert auf den Kamerasensor projiziert. Der Maßstab beschreibt somit die optische Leistung vor dem Sensor, unabhängig von der Brennweite oder der Art der Optik.

Maxillen: Teile der hochdifferenzierten Mundwerkzeuge von Insekten. Sie stellen, wie die Antennae und Mandibeln, Teile der Kopfextremitäten dar. → Imago.

Mesosternalfortsatz: Fortsatz am Mesosternum, einer meist ungeteilten, bauchseits liegenden Brustplatte. Bei vielen Insekten ist das Mesosternum ins Körperinnere verlagert und unsichtbar. Besonders interessant sind die Mesosternalfortsätze bei Rosenkäfern, da sie eine Unterscheidung verschiedener Gattungen ermöglichen, etwa der Gattungen *Cetonia* und *Protaetia*.

Mesothorax: Die Mittelbrust. Das mittlere Segment des Brustbereiches (Thorax) bei Insekten. → Thorax.

Metamorphose: Der Gestaltwandel der Insekten. Bei einigen Insekten läuft die Metamorphose komplexer ab. → Hypermetamorphose.

Metathorax: Die Hinterbrust. Das dritte und damit letzte Segment des Brustbereiches (Thorax) bei Insekten, davor stehen Pro- und Mesothorax. → Thorax.

Mimese: Form der Tarnung, bei der ein Lebewesen in Form und Färbung einem Objekt seiner Umgebung ähnelt, welches einem möglichen Beutegreifer wenig attraktiv erscheint. Spanner-Raupen, eine Nachtfalterfamilie (Geometridae), ähneln in Färbung und Gestalt etwa kleinen Ästchen. Bei Gefahr erstarren sie und wirken durch kleine Körperfortsätze wie Abbruchstellen von Seitenzweigen oder Knospen.

Mimikry: Leitet sich vom altgriechischen Begriff mimos ab, was so viel wie „Nachahmer" oder „Imitator" bedeutet. Bei dieser Form der Täuschung ähnelt ein Lebewesen einem anderen, welches gefährlicher erscheint als es selbst. Wie etwa eine unbewaffnete Schwebfliege (Syrphidae), die an die schwarz-gelbe Warntracht einer Wespe erinnert und sich damit vor Feinden schützt, die bereits schlechte Erfahrungen mit dem Wespengift gemacht haben.

Myiasis: Die Fliegenmadenkrankheit, abgeleitet vom Griechischen myia für „Fliege". Befall von Tieren mit Maden, den Larven von Fliegen, die im Gewebe, in Körperflüssigkeiten oder im Darminhalt des Wirtes leben. In Mitteleuropa sind solche Fälle sehr selten. Verbreiteter ist die Krankheit in tropischen und subtropischen Klimazonen.

N

Nachschieber: Das Pygopodium, ein letztes Bauchfußpaar bei Schmetterlingsraupen und einigen anderen Insektenlarven. Pygopodien werden auch Afterfüße genannt, da sie sich am 10. und damit letzten Hinterleibssegment befinden. Sie sind meist deutlich kräftiger gebaut und dienen in der Regel der Fortbewegung der Tiere, seltener dienen sie zur Abschreckung von Fressfeinden wie beim Großen Gabelschwanz (*Cerura vinula*). Ihren deutschen Namen besitzen die Pygopodien, weil sie als letzte Beine den Körper von hinten „nachschieben".

Nymphe: Als Nymphen werden Jugendstadien der hemimetabolen Insekten bezeichnet, die, anders als Larven, äußerlich dem erwachsenen Stadium bereits sehr ähnlich sind. Sie finden sich beispielsweise bei den Wanzen (Heteroptera). Die fortgeschrittenen Nymphenstadien weisen häufig je nach Art bereits Flügelscheiden, die Anlagen der späteren Flügel, auf. → Hemimetabole Entwicklung.

O

Ocellen: Lichtsinnesorgan im Stirnbereich vieler flugfähiger Insekten. Sie dienen der Hell-Dunkel-Wahrnehmung und wahrscheinlich als Gleichgewichtsorgan sowie zur Steuerung schneller Flugbewegungen. Bei Hautflüglern (Hymenoptera) finden sich häufig drei im Dreieck angeordnete Ocelli auf der Stirn.

Oculus compositus: Komplex- oder auch Facettenauge der Insekten. Es besteht aus zusammengesetzten Einzelaugen (Ommatidien). Es gibt Insekten ohne jegliche Komplexaugen, Arten mit wenigen Ommatidien und Arten mit mehreren zehntausend Einzelaugen pro Auge.

Ommatidien: „Äuglein", aus dem Spätgriechischen ommatidion abgeleitet. Es sind die Einzelaugen, aus denen die Komplexaugen der Insekten zusammengesetzt sind. → Oculus compositus.

Organismus: Ein Lebewesen, das die Erscheinungen des Lebens, vor allem Stoffwechsel, Wachstum und Fortpflanzung, zeigt.

Ovipositor: Legebohrer bzw. Eiablegeapparat von weiblichen Insekten. Er dient der Eiablage und kann z. T. sehr lang und hart werden. Ein Beispiel sind die langen Legebohrer der Riesenschlupfwespen der Gattung *Megarhyssa*, mit denen sie ihre Eier tief im Holz an den Larven von Holzwespen ablegen können, wo sie sich als Parasitoide an diesen entwickeln. Aus dem Ovipositor ging evolutionär der Stachel der Stechimmen (Aculeata) hervor.

P

Parasitismus: Eine Lebensweise, bei der ein Wirtsorganismus unter dem Insekt leidet und dies einseitig von den Ressourcen des Wirtskörpers profitiert. Im Gegensatz zur Prädation kann in der Lebensspanne nur ein Individuum eines anderen Tieres gefressen werden und es existiert eine Koexistenz über gewisse Entwicklungsstadien hinaus. Ein Beispiel für eine parasitäre Lebensweise ist der Feldwespen-Fächerflügler (*Xenos vesparum*), der sich als Endoparasit (im Körper) im Abdomen von Feldwespen entwickelt. Eine besonders häufige Form des Parasitismus ist die parasitoide Lebensweise. → Parasitoid.

Parasitoid: Parasitäre Lebensweise eines Insekts, bei der der Wirtsorganismus zur Vervollständigung der eigenen Entwicklung vom Parasiten getötet wird. Es handelt sich um die häufigste parasitäre Lebensweise bei Insekten. Ein Beispiel ist die Entwicklung des Großen Bombardierkäfers (*Brachinus crepitans*), dessen Larve sich von den Puppen der Kanalläufer (*Amara* spp.) entwickelt, bei denen er zunächst über seine Larvenstadien hinweg nur Hämolymphe an selbst zugefügten Wunden frisst und erst vor der eigenen Verpuppung die ganze Puppe tötet. → Parasitismus.

Parthenogenese: Jungfernzeugung oder Jungferngeburt. Eine Form der eingeschlechtlichen Fortpflanzung, bei der Nachkommen aus einzelnen unbefruchteten Eizellen entstehen. Diese Fortpflanzungsweise findet sich z. B. bei Flohkäfern der Gattung *Altica*. In einigen Fällen ist bekannt geworden, dass Bakterien der Gattung *Wolbachia* der Grund für eine Parthenogenese sind. Bei einigen Insektenarten sind aktuell keine Männchen bekannt, es existieren nur sich partheno-genetisch fortpflanzende Weibchen.

Pigmentfarben: Farben, die aus Pigmenten, also Molekülen, in den Zellen der Insekten entstehen. Sie besitzen die Fähigkeit, bestimmte Lichtwellen zu absorbieren und andere zu reflektieren. Solche Farben können z. B. Schwarz, Braun, Rot, Orange, Gelb und Weiß sein. Manche Pigmente sind verwertete pflanzliche Carotinoide, die vom Insekt in einem Entwicklungsstadium mit der Nahrung aufgenommen wurden. Andere Farben, wie Blau oder Grün, entstehen fast immer nicht durch Pigmente, sondern durch Strukturen. Sie werden daher auch als Strukturfarben bezeichnet.

Pilzmycel: Das Mycel ist ein Teil oder die Gesamtheit aller Hyphen, also fadenförmigen Zellen eines Pilzes. Da auch Bakterien über Mycele verfügen, ist hier konkret von Pilzmycel die Rede. Es bildet eine wichtige Nahrungsgrundlage für viele Insekten, die entweder direkt den Bewuchs von Hyphen oder aber mit Pilmycel durchzogenes Holz fressen.

Podomere: Die Beinsegmente der Insekten. Jedes Beinsegment ist ein Podomer. Dies können z. B. die Hüfte (Coxa) oder der Schenkel (Femur) sein.

Prädation: Lebensweise, bei der eine Tierart eine andere frisst. Im Gegensatz zum Parasitismus wird in der Lebensspanne jedoch mehr als ein anderes Tier-Individuum gefressen und es existiert keine Koexistenz über gewisse Entwicklungsstadien hinaus. Im Buch ist gelegentlich von einer prädatorischen Lebensweise die Rede. Insekten werden beispielsweise häufig von prädatorischen Insekten, Spinnen, Reptilien, Amphibien oder Vögeln gefressen. → Parasitismus.

Prothorax: Die Vorderbrust. Das vorderste Segment des Brust-bereiches (Thorax) bei Insekten. → Thorax.

Pupiparie: Besondere Form des Lebendgebärens (Viviparie), bei der das Weibchen bereits verpuppungsreife Larven gebärt, die selbst aktiv keine Nahrung mehr aufnehmen. Oft legen die Larven dabei nur eine kurze Strecke zurück und verpuppen sich sehr zeitnah. Ein Beispiel für Pupiparie in der Lebensweise ist die Hirschlausfliege (*Lipoptena cervi*).

Puppe: Auch Chrysalis genannt, vom Altgriechischen chryso für „Gold". Bezeichnet in der Zoologie ein morphologisch klar abgegrenztes, meist unbewegliches bis be-weglicheres Übergangsstadium zwischen Larve und Imago holometaboler Insekten. Das Puppenstadium geht nach einer Häutung aus dem letzten Larvenstadium hervor und häutet sich selbst zur Imago. In diesem Stadium findet die Metamorphose des Insekts statt. In allen Fällen ist dieses Stadium durch das Fehlen jeglicher Nahrungsaufnahme gekennzeichnet. Bewegliche Puppen findet man z.B. bei Stechmücken im Wasser, un-bewegliche Puppen z.B. bei Fliegen.

R

Rattenschwanzlarve: Umgangssprachliche Bezeichnung für besondere Larven, genauer die Maden einiger Schwebfliegen (Syrphidae), bei denen sich ein röhrenartiger Siphon zum Atmen am Hinterleibsende befindet. Sie leben überwiegend im Wasser oder feuchten abgestorbenen Teilen von Pflanzen, wobei das Ende des Atemsiphons sie mit Luft an der Oberfläche versorgt. Ein Beispiel für eine Rattenschwanzlarve ist die Larve der Mistbiene (*Eristalis tenax*). → Made.

Reflexbluten: Ist eine Verteidigungsmethode von einigen Insekten gegen potenzielle Fressfeinde. Dabei sondert das Insekt ein Wehrsekret (meist die eigene Hämolymphe) durch Drüsen aus, das entweder unangenehm riecht, schmeckt oder aber sogar toxisch ist. Auf Angreifer soll das Reflexbluten eine abschreckende Wirkung haben. Beispiele für Insektenarten mit Reflexbluten sind die Marienkäferarten Siebenpunkt-Marienkäfer (*Coccinella septempunctata*), Asiatischer Marienkäfer (*Harmonia axyridis*) oder aber der Violette Ölkäfer (*Meloe violaceus*).

S

Schwestergruppe: Phylogenetisch, d.h. stammesgeschichtlich nächstverwandte Gruppe von Organismen. Eine Schwestergruppe der Insekten sind beispielsweise die Springschwänze (Collembola).

Scutellum: Auch Schildchen genannt, ist ein meist dreieckiger und stark verhärteter Teil des mittleren Brustsegments (Mesothorax). Bei Käfern und Wanzen ist das Scutellum meist deutlich als Keil zwischen den Flügeldecken sichtbar. → Mesothorax.

Sexualdimorphismus: Auch Geschlechtsdimorphismus genannt, ist eine äußerlich unmittelbar erkennbare Zweigestaltigkeit zwischen männlichen und weiblichen Individuen derselben Art, die sich explizit nicht auf die Geschlechtsorgane bezieht. Der Sexualdimorphismus kann kaum ins Gewicht fallen, leicht oder sehr auffällig ausgeprägt sein. Ein Beispiel stellt der Hirschkäfer (*Lucanus cervus*) dar, bei dem die Männchen deutlich größer als die Weibchen sind und stark vergrößerte, geweihartige Mandibeln aufweisen, die nicht mehr zur Nahrungsaufnahme genutzt, sondern der Rivalität sowie dem Sexualverhalten dienen.

Sklerotin: Strukturproteine, ihr Name aus dem Altgriechischen sklēros, „hart", abgeleitet. Sie stellen im Exoskelett von Insekten eine wesentliche Komponente dar und dienen der Stabilisierung.
→ Exoskelett.

skulpturiert: Eine strukturreiche Oberfläche aufweisend, die wie eine geschaffene Skulptur wirkt.

s.l. = sensu lato (lat.) = im weiteren Sinne. Die Abkürzung wird bei der Bestimmung von Insekten als Angabe beim Artnamen genutzt, wenn unterschiedliche Auffassungen bestehen oder ein nicht geklärter Komplex von Arten innerhalb eines Artnamens vorliegt. Bei der Gemeinen Goldwespe (*Chrysis ignita*) oder der Grünen Florfliege (*Chrysopa carnea*) handelt es sich um solche Fälle.

Somatolyse: „Auflösung des Körpers", aus dem Altgriechischen abgeleitet. Lebensstrategie, bei der Musterung und Tarnfärbung der Tracht zu einer optischen Verschmelzung des Tiers mit seiner Umgebung führen. Für potenzielle Fressfeinde ist es kaum erkennbar oder quasi unsichtbar. Ein Beispiel ist der Birkenspanner (*Biston betularia*), der aufgrund seiner Musterung und Färbung auf Birkenrinde sitzend nahezu nicht ausgemacht werden kann.

sp.: Spezies oder Art, singular (plural spp., mehrere Arten). Abkürzung für die taxonomische Einheit der Art, die man unter dem Artbegriff versteht.

Stechimmen: Hautflügler (Hymenoptera) aus der Unterordnung der Taillenwespen (Apocrita). Ihre Weibchen sind häufig mit einem Wehrstachel ausgestattet, der aber auch fehlen kann. Dieser Wehrstachel kann beim Beutefang oder zur Abwehr eingesetzt werden, um Gift in die Einstichstelle zu injizieren. Zu den bekanntesten Stechimmen zählen Bienen, Hummeln, Faltenwespen und Ameisen. Der Wehrstachel hat sich evolutionär aus dem Legebohrer (Ovipositor) entwickelt.
→ Ovipositor.

Stigmata: Die an der Körperoberfläche der Insekten liegenden Öffnungen des Atemsystems. → Tracheen.

Systematik: Die zoologische Systematik richtet sich nach einem hierarchischen System von Taxa, den systematischen Einheiten. Ordnungen umfassen dabei z.B. die Familien, Gattungen und Arten, Gattungen hingegen nur noch die Arten. Nur Gattungs- und Artnamen werden kursiv geschrieben. Hier die absteigenden Rangstufen innerhalb des Systems der Lebewesen (ohne Zwischenstufen): Reich → Stamm → Klasse → Ordnung → Familie → Gattung → Art

T

Tarsus: Der Fuß der Insekten, also der nach außen hin letzte Abschnitt eines Insektenbeins. Er besteht aus maximal 5 Gliedern, die verschieden gestaltet sind. Das erste, oft vergrößerte Fußglied heißt Fersenglied (Metatarsus). Am letzten Fußglied, dem Prätarsus, befinden sich die Klauen. Siehe auch Unguis.

Taxon: Ein Taxon (plural: Taxa) ist eine beschriebene systematische Einheit, die sich durch ein gemeinsames Merkmal beschreiben und von anderen Einheiten unterscheiden lässt. Durch das hierarchische Klassifizierungssystem, die zoologische Systematik, kann ein Taxon z. B. eine Art, eine Gattung oder aber eine Familie sein. Die Taxonomie ist entsprechend der Fachbereich, in dem die Zuordnung im Klassifizierungsschema erfolgt, z. B. mit der Bestimmung von Arten (hier ist die taxonomische Einheit die Art).

Tergit: Rückenplatte der Segmentierung bei Insekten. Gemeinsam mit einer Bauchplatte (Sternit) bildet ein Tergit vereinfacht ein Segment, z. B. des Abdomens, verbunden durch sogenannte Flankenhäute (Pleuren).
→ Abdomen und Sternit.

Thorax: Die Brust, bei den Insekten das Segment zwischen Kopf und Hinterleib. Es ist bei den meisten Insekten gut erkennbar und besteht aus den drei Segmenten Vorderbrust (Prothorax), Mittelbrust (Mesothorax) und Hinterbrust (Metathorax). Alle Beine und Flügel entspringen am Thorax. Bei den Käfern gibt es jedoch eine Ausnahme: Der Halsschild, den man intuitiv als alleinstehende Brust ansprechen würde, stellt hier nur die Vorderbrust (den Prothorax) dar. Der hintere Brustbereich ist bei ihnen mit dem Hinterleib verwachsen.

Tracheen: Das Atemsystem der Insekten (singular: Trachea oder Trachee). Es bildet verzweigte Kanäle zur Versorgung der Gewebe eines Insekts mit Luft. Sie dienen auch dem Abtransport von Kohlendioxid aus dem Körper. Die an der Körperoberfläche liegenden Öffnungen des Tracheensystems werden als Stigmata bezeichnet.

Triungulinus: Das erste Larvenstadium der Ölkäfer, auch Dreiklauer genannt. Namensgebend ist die dreifach (tri) gestaltete Klaue (Unguis) an den Füßen. Siehe auch Unguis. Ähnliche Larven gibt es auch bei den verwandten Fächerkäfern (Rhipiphoridae). Die überwiegende Zahl der Insekten besitzt, auch in den Larvalstadien, nur zwei Klauen.

Trivialnamen: Trivialnamen sind die deutschsprachigen Namen der Arten. Sie folgen keiner Regel und sind oft umgangssprachlich geprägt. Oft gibt es mehrere Trivialnamen für eine Art, wobei vor allem regionale Unterschiede auftreten können. Trivialnamen haben keine fachliche Gültigkeit.

Tymbalorgan: Trommelorgan, mit dem Singzikaden ihre markanten Laute erzeugen. Es besteht aus straff gespannten kleinen Platten auf einer Membran an den Seiten des Hinterleibs. An einem kleinen Vorsprung, der die Platten bei einer Kontraktion einwölbt, sitzen besonders kräftige Muskeln. Luftgefüllte Säckchen im Körper, eine Erweiterung der Tracheen, dienen als verstärkende Resonanzkörper für das Geräusch, welches bei einer solchen Kontraktion entsteht.

U/Ü

Überliegen: Strategie zur Verzögerung der Entwicklung bei verändernden Umweltbedingungen. Um den Erhalt einer Population zu er-möglichen, verlängern einige Insekten ihren Entwicklungszyklus. Sie können so ungünstige Umwelt-bedingungen, wie etwa Dürre-perioden, überstehen. Ein Beispiel für das Überliegen ist eine zwei- bis dreifache Überwinterung der Puppe des Wiener Nachtpfauenauges (*Saturnia pyri*).

Unguis: Die Klaue, abgeleitet aus dem Lateinischen. Sie wird häufig auch Kralle genannt. Klauen sind bei Insekten feste, gekrümmte Strukturen an den Endgliedern der Extremitäten, die zum Greifen dienen. Sie befinden sich am Prätarsus. Besonders ausgeprägt sind sie beispielsweise bei den Klauenkäfern (Elmidae), die in z. T. sehr schnell fließenden Gewässern leben und sich mit ihren kräftigen Klauen am Substrat festhalten, um nicht von der Strömung verdriftet zu werden. → Tarsus.

V

ventral: Die Bauchseite betreffend, bauchseitig.

Viviparie: Lebendgeburt, vom Lateinischen viviparus, „lebendgebärend". Eine Fortpflanzungweise, bei der die Frühentwicklung im Muttertier verläuft. Durch die räumliche Begrenzung auf den Mutterleib haben vivipare Arten im Vergleich zur Oviparie (dem Gebären bzw. Legen von Eiern) meist weniger Nachkommen. Bei Insekten findet sich nur eine Sonderform der Viviparie, die Larviparie, bei der noch Eihüllen im Mutterleib vorliegen, diese sich aber mit der Entwicklung der Larve im Körper auflösen. Eihüllen sind ansonsten bei viviparen Tierarten nicht mehr vorhanden. Blattläuse sind ein Beispiel für Larviparie, sie legen lebende junge Nymphen ab.

Hintergrund und Recherche

Von der Anzahl der Individuen und Arten

Misof, B., Liu, S., Meusemann, K., Peters, R.S., Donath, A., Mayer, C., Frandsen, P.B., Ware, J., Flouri, T., Beutel, R.G., Niehuis, O., Petersen, M., Izquierdo-Carrasco, F., Wappler, T., Rust, J., Aberer, A.J., Aspöck, U., Aspöck, H., Bartel, D., Blanke, A., Berger, S., Bohm, A., Buckley, T.R., Calcott, B., Chen, J., Friedrich, F., Fukui, M., Fujita, M., Greve, C., Grobe, P., Gu, S., Huang, Y., Jermiin, L.S., Kawahara, A.Y., Krogmann, L., Kubiak, M., Lanfear, R., Letsch, H., Li, Y., Li, Z., Li, J., Lu, H., Machida, R., Mashimo, Y., Kapli, P., McKenna, D.D., Meng, G., Nakagaki, Y., Navarrete-Heredia, J.L., Ott, M., Ou, Y., Pass, G., Podsiadlowski, L., Pohl, H., von Reumont, B.M., Schutte, K., Sekiya, K., Shimizu, S., Slipinski, A., Stamatakis, A., Song, W., Su, X., Szucsich, N.U., Tan, M., Tan, X., Tang, M., Tang, J., Timelthaler, G., Tomizuka, S., Trautwein, M., Tong, X., Uchifune, T., Walzl, M.G., Wiegmann, B.M., Wilbrandt, J., Wipfler, B., Wong, T.K.F., Wu, Q., Wu, G., Xie, Y., Yang, S., Yang, Q., Yeates, D.K., Yoshizawa, K., Zhang, Q., Zhang, R., Zhang, W., Zhang, Y., Zhao, J., Zhou, C., Zhou, L., Ziesmann, T., Zou, S., Li, Y., Xu, X., Zhang, Y., Yang, H., Wang, J., Wang, J., Kjer, K.M. & Zhou, X. (2014) Phylogenomics resolves the timing and pattern of insect evolution. – Science 346: 763–767.

Nigel, S. E. (2018): How Many Species of Insects and Other Terrestrial Arthropods Are There on Earth? – Annual Review of Entomology 63(1): 31–45.

Was ist ein Insekt

Beutel, R.G., Yavorskaya, M.I., Mashimo, Y., Fukui, M. & Meusemann, K. (2017) The phylogeny of Hexapoda (Arthropoda) and the evolution of megadiversity. – Proceedings of Arthropodan Embryological Society of Japan 51: 1–15.

Schultheis, B., Gerend, R., Hermant, S. & Colling, G. (2014): Baranowskiella ehnstromi Sörensson, 1997 (Coleoptera: Ptilidae) in Luxembourg and adjacent parts of Germany, Belgium and France – first record of a member of the tribe Nanosellini in western Europe. – Bulletin de la Société des Naturalistes Luxembourgeois 115: 203–209.

Seifert, G. (2010): Körpergliederung. S. 47–73. – In: Dettner, K. & Peters, W. (Hrsg.): Lehrbuch der Entomologie. Teil 1. 2. Auflage. – Spektrum Akademischer Verlag (Heidelberg): 1399 S.

Sörensson, M. (1997): Morphological and taxonomical novelties in the world's smallest beetles, and the first Old World record of Nanosellini (Coleoptera: Ptiliidae). – Systematic Entomology 22: 257– 283.

Megadiverse Insektenordnungen

Chimeno, C., Hausmann, A., Schmidt, S., Raupach, M. J., Doczkal, D., Baranov, V., Hübner, J., Höcherl, A., Albrecht, R., Jaschhof, M., Haszprunar, G. & Hebert, P. D. N. (2022): Peering into the Darkness: DNA Barcoding Reveals Surprisingly High Diversity of Unknown Species of Diptera (Insecta) in Germany. – Insects 13(82): 1–17.

Dathe, H. H., Taeger, A., Blank, S. M. (2001): Verzeichnis der Hautflügler Deutschlands (Entomofauna Germanica 4). – Entomologische Nachrichten und Berichte Beiheft 7: 1-178.

Husemann, M., Thaut, L., Leopold, F., Hartung, V., Lohrmann, V., Barilaro, C., Michalik, P., Iglhaut, S. (2022): Facettenreiche Insekten. Vielfalt, Gefährdung, Schutz. – Haupt Verlag (Bern): 272 S.

Klausnitzer, B. (2005): Die Insektenfauna Deutschlands („Entomofauna Germanica") – ein Gesamtüberblick. – Linzer biologische Beiträge 37(1): 87–97.

Riedel, M., Humala, A. E., Schwarz, M., Schnee, H. & Schmidt, S. (2021): Checklist of the Ichneumonidae of Germany (Insecta, Hymenoptera). – Biodiversity Data Journal 9: e64267, 1–45.

Schumann, H. (2002): Erster Nachtrag zur „Checkliste der Dipteren Deutschlands". – Studia dipterologica 9(2): 437–445.

Schumann, H. (2004): Zweiter Nachtrag zur „Checkliste der Dipteren Deutschlands". – Studia dipterologica 11: 619–630.

Schumann, H. (2010): Zweiter Nachtrag zur „Checkliste der Dipteren Deutschlands". – Studia dipterologica 16: 17–27.

Schumann, H., Bährmann, R. & Stark, A. (1999): Checkliste der Dipteren Deutschlands. – Studia dipterologica Supplement 2: 1–354.

Metamorphose

Brauer, F. M. (1869): Beschreibung der Verwandlungsgeschichte der Mantispa styriaca Poda und Betrachtungen über die sogenannte Hypermetamorphose Fabre's. – Verhandlungen der Kaiserlich-Königlichen Zoologisch-Botanischen Gesellschaft Wien 19: 831–840, Tafel XII.

Detzel, P. (1998): Die Heuschrecken Baden-Württembergs. – Verlag Ulmer (Stuttgart): 580 S.

Eggert, A.-K., Müller, J. K., Wimmer, E. A. & Zissler, D. (2010): Fortpflanzung und Entwicklung. S. 357–463. – In: Dettner, K. & Peters, W. (Hrsg.): Lehrbuch der Entomologie. Teil 1. 2. Auflage. – Spektrum Akademischer Verlag (Heidelberg): 1399 S.

Husemann, M., Thaut, L., Leopold, F., Hartung, V., Lohrmann, V., Barilaro, C., Michalik, P., Iglhaut, S. (2022): Facettenreiche Insekten. Vielfalt, Gefährdung, Schutz. – Haupt Verlag (Bern): 272 S.

Pinto, J. D. (2009): Chapter 128. Hypermetamorphosis. S. 484–486. – In: Resh, V. & Cardé, R. T. (Hrsg.): Encyclopedia of Insects. Second Edition. – Academic Press (Cambridge): 1132 S.

Mimikry, Mimese und Somatolyse

Dobzhansky, T. (1973): Nothing in Biology Makes Sense Except in the Light of Evolution. – The American Biology Teacher 35(3): 125–129.

Lunau, K. (2002): Warnen, Tarnen, Täuschen. Mimikry und andere Überlebensstrategien in der Natur. – Wissenschaftliche Buchgesellschaft (Darmstadt): 184 S.

Storch, V. & Welsch, U. (2004): Kurzes Lehrbuch der Zoologie. 8. Auflage. – Spektrum Akademischer Verlag (Heidelberg): 672 S.

Die Augen der Insekten

Berry, R. P., Stange, G. & Warrant, E. J. (2007): Form vision in the insect dorsal ocelli: an anatomical and optical analysis of the dragonfly median ocellus. – Vision Research 47(10): 1394–1409.

Kaib, M., Römer, H., Scharstein, H., Stabentheiner, A. & Stommel, G. (2010): Sinnesphysiologie. S. 281–344. – In: Dettner, K. & Peters, W. (Hrsg.): Lehrbuch der Entomologie. Teil 1. 2. Auflage. – Spektrum Akademischer Verlag (Heidelberg): 1399 S.

Land, M. F. (1997): Visual acuity in insects. – Annual Review of Entomology 42: 147–177.

Stange, G. & Howard, J. (1979): An ocellar dorsal light response in a dragonfly. – Journal of Experimental Biology 83: 351–355.

Die Ordnung der Käfer

Bleich O., Gürlich S. & Köhler F. (2021): Entomofauna Germanica. Verzeichnis der Käfer Deutschlands. http://www.coleokat.de/de/fhl/ (aufgerufen am 27.07.2024).

Dettner, K. (2010): Biolumineszenz. S. 601–611. – In: Dettner, K. & Peters, W. (Hrsg.): Lehrbuch der Entomologie. Teil 1. 2. Auflage. – Spektrum Akademischer Verlag (Heidelberg): 1399 S.

Eisner, T. & Aneshansley, D. J. (1999). Spray aiming in the bombardier beetle: photographic evidence. – Proceedings of the National Academy of Sciences of the United States of America 96: 9705–9709.

Pavel, S., Hone, A. (2004): Development of the Beetle parasitoids, *Brachinus explodens* und *B. crepitans* (Coleoptera: Carabidae). – Journal of Zoology 262(1): 29–36.

Die Familie der Marienkäfer

Esser, J. (2021): Rote Liste und Gesamtartenliste der „Clavicornia" (Coleoptera: Cucujoidea) Deutschlands. – In: Ries, M., Balzer, S., Gruttke, H., Haupt, H., Hofbauer, N., Ludwig, G. & Matzke-Hajek, G. (Hrsg.): Rote Liste gefährdeter Tiere, Pflanzen und Pilze Deutschlands. Band 5: Wirbellose Tiere (Teil 3). – Naturschutz und Biologische Vielfalt 70(5): 127–161.

Klausnitzer, B., Klausnitzer, H. & Wachmann, E. (2022): Marienkäfer. Die Neue Brehm Bücherei. – VerlagsKG Wolf (Magdeburg): 568 S.

Tanasijevic, N. (1958): Zur Morphologie und Biologie des Luzernemarienkäfers Subcoccinella vigintiquatuorpunctata L. (Coleoptera: Coccinellidae). – Beiträge zur Entomologie 8(1/2): 23–78.

Die Familie der Rüsselkäfer

Bussler, H. & Bense, U. (2021): Rote Liste und Gesamtartenliste der Borkenkäfer, Kernkäfer und Breitrüssler (Coleoptera: Scolytidae, Platypodidae, Anthribidae) Deutschlands. – In: Ries, M.; Balzer, S.; Gruttke, H.; Haupt, H.; Hofbauer, N.; Ludwig, G. & Matzke-Hajek, G. (Hrsg.): Rote Liste gefährdeter Tiere, Pflanzen und Pilze Deutschlands. Band 5: Wirbellose Tiere (Teil 3). – Naturschutz und Biologische Vielfalt 70(5): 415–432.

Sprick, P. (2000): Eignung einer Insektengruppe für die Fauna-Flora-Habitat-Richtlinie der EU (92/43/EWG, 21. Mai 1992) am Beispiel der Rüsselkäfer-Unterfamilie Bagoinae (Col., Curculionidae). Beiträge zur Ökologie phytophager Käfer III. – Insecta 6: 61–96.

Rheinheimer, J. & Hassler, M. (2010): Die Rüsselkäfer Baden-Württembergs. – Verlag Regionalkultur (Ubstadt-Weiher): 944 S.

Dünen-Sandlaufkäfer

Donath, H. (1986): Verbreitung und Ökologie der Sandlaufkäfer (Coleoptera, Cicindelidae) in der nordwestlichen Niederlausitz. – Biologische Studien 15: 28–34.

Dreising, H. (1980): Daily Activity, Thermoregulation and Water Loss in the Tiger Beetle *Cicindela hybrida*. – Oecologia 44: 376–389.

Faasch, H. (1968): Beobachtungen zur Biologie und zum Verhalten von *Cicindela hybrida* L. und *Cicindela campestris* L. und experimentelle Analyse ihres Beutefangs. – Zoologisches Jahrbuch 95: 477–522.

Larochelle, A. (1974): The food of Cicindelidae of the world. – Cicindela 6(2): 21–43.

Trautner, J. & Detzel, P. (1994): Die Sandlaufkäfer Baden-Württembergs. Verbreitung, Lebensraumansprüche, Gefährdung und Schutz. – Ökologie & Naturschutz 5: 3–59.

Violetter Ölkäfer

Blair, K. G. (1942): The first-stage larva of *Meloe violaceus* Marsh. (Col., Meloidae) – Entomologist's Monthly Magazine 78: 112–116.

Cros, A. (1931): Biologie des Méloés. – Annales des Sciences Naturelles, Zoologie 14(10): 189–227.

Klausnitzer, B. (2004): Bemerkungen zur Biologie und Verbreitung einiger Meloidae (Col.) in Europa. – Entomologische Nachrichten und Berichte 48(3–4): 261–268.

Lückmann, J. & Niehuis, M. (2009): Die Ölkäfer in Rheinland-Pfalz und im Saarland. – Fauna und Flora in Rheinland-Pfalz Beiheft 40: 479 S.

Schmidl, J., Bense, U., Bussler, H., Fuchs, H., Lange, F. & Möller, G. (2021): Rote Liste und Gesamtartenliste der „Teredilia" und Heteromera (Coleoptera: Bostrichoidea: Lyctidae, Bostrichidae, Anobiidae, Ptinidae; Tenebrionidea) Deutschlands. – In: Ries, M., Balzer, S., Gruttke, H., Haupt, H., Hofbauer, N., Ludwig, G. & Matzke-Hajek, G. (Hrsg.): Rote Liste gefährdeter Tiere, Pflanzen und Pilze Deutschlands. Band 5: Wirbellose Tiere (Teil 3). – Münster (Landwirtschaftsverlag). – Naturschutz und Biologische Vielfalt 70 (5): 165–186.

Goldglänzender Rosenkäfer

Rössner, E. (2012): Die Hirschkäfer und Blatthornkäfer Ostdeutschlands (Coleoptera: Scarabaeoidea). – Verein der Freunde & Förderer des Naturkundemuseums Erfurt e. V. (Erfurt): 508 S.

Schaffrath, U. (2021): Rote Liste und Gesamtartenliste der Blatthornkäfer (Coleoptera: Scarabaeoidea) Deutschlands. – In: Ries, M., Balzer, S., Gruttke, H., Haupt, H., Hofbauer, N., Ludwig, G. & Matzke-Hajek, G. (Hrsg.): Rote Liste gefährdeter Tiere, Pflanzen und Pilze Deutschlands, Band 5: Wirbellose Tiere (Teil 3). – Naturschutz und Biologische Vielfalt 70(5): 189–266.

Die Ordnung der Schmetterlinge

Dettner, K. & Peters, W. (Hrsg.): Lehrbuch der Entomologie. Teil 1. 2. Auflage. – Spektrum Akademischer Verlag (Heidelberg): 1399 S.

Gaedike, R., Nuss, M., Steiner, A. & Trusch, R. (2017): Verzeichnis der Schmetterlinge Deutschlands (Lepidoptera). 2. überarbeitete Auflage. – Entomologische Nachrichten und Berichte (Dresden), Beiheft 21: 1–362.

Reinhardt, R. & Bolz, R. (2011): Rote Liste und Gesamtartenliste der Tagfalter (Rhopalocera) (Lepidoptera: Papilionoidea et Hesperioidea) Deutschlands. – In: Binot-Hafke, M.; Balzer, S.; Becker, N.; Gruttke, H.; Haupt, H.; Hofbauer, N.; Ludwig, G.; Matzke-Hajek, G. & Strauch, M. (Red.): Rote Liste gefährdeter Tiere, Pflanzen und Pilze Deutschlands, Band 3: Wirbellose Tiere (Teil 1). – Münster (Landwirtschaftsverlag). – Naturschutz und Biologische Vielfalt 70 (3): 167–194.

Die Familie der Schwärmer

Pittaway, T. (1993): The Hawkmoths of the Western Palearctic. – Harley Books (Colchester): 240 S.

Rennwald, E., Sobczyk, T. & Hofmann, A. (2011): Rote Liste und Gesamtartenliste der Spinnerartigen Falter (Lepidoptera: Bombyces, Sphinges s.l.) Deutschlands. – In: Binot-Hafke, M., Balzer, S., Becker, N., Gruttke, H., Haupt, H., Hofbauer, N., Ludwig, G., Matzke-Hajek, G. & Strauch, M. (Hrsg.): Rote Liste gefährdeter Tiere, Pflanzen und Pilze Deutschlands. Band 3: Wirbellose Tiere (Teil 1). – Naturschutz und Biologische Vielfalt 70 (3): 243–283.

Taubenschwänzchen

Kelber, A. (1996): Colour learining in the Hawkmoth *Macroglossum stellatarum*.– The Journal of Experimental Biology 199: 1127–1131.

Traub, B. (1994): Sphingidae. S. 118–209. – In: Ebert, G. & Rennwald, E. (Hrsg.): Die Schmetterlinge Baden-Württembergs. Band 4: Nachtfalter II. – Verlag Eugen Ulmer (Stuttgart): 535 S.

Koch, M. (1984): Wir bestimmen Schmetterlinge. – Neumann Verlag (Leipzig, Radebeul): 792 S.

Zlatkov, B., Beshkov, S. & Ganeva, T. (2018): *Oenothera speciosa* versus *Macroglossum stellatarum*: killing beauty. – Arthropod-Plant Interactions 12: 395–400.

Totenkopfschwärmer

Menz, M. H. M., Scacco, M., Bürki-Spycher, H.-M., Williams, H. J., Reynolds, D. R., Chapman, J. W. & Wikelski (2022): Individual tracking reveals long-distance flight-path control in a nocturnally migrating moth. – Science 377: 764–768.

Die Ordnung der Zweiflügler

Chandler, P. J. (2010): A dipterist's handbook. 2nd Edition. – The Amateur Entomologists' Society: 525 S.

Jentzsch, M. (2016): Kammschnaken (Diptera: Tipulidae, Ctenophorinae). Bestandssituation. S. 1053–1054. – In: Frank, D. & Schnitter, P. (Hrsg.): Pflanzen und Tiere in Sachsen-Anhalt. Ein Kompendium der Biodiversität. – Natur+Text (Rangsdorf): 1132 S.

Goldfliege

MacInnis, A. E. & Highley, L. G. (2020): Competition Among Three Forensically Important Blow Fly Species (Diptera: Calliphoridae): *Phormia regina*, *Lucilia sericata*, and *Chrysomya rufifacies*. – Environmental Entomology 49(6): 1473–1479.

Sherman, R. A. (2009): Maggot therapy takes us back to the future of wound care: new and improved maggot therapy for the 21st century. – Journal of Diabetes Science and Technology 3(2): 336–344.

Die Ordnung der Hautflügler

Marshall, S. A. (2023): Hymenoptera. The Natural History and Diversity of Wasps, Bees and Ants. – Firefly Books Ltd (Richmond Hill): 640 S.

Vilhelmsen, L. (2000): The ovipositor apparatus of basal Hymenoptera (Insecta): phylogenetic implications and functional morphology. – Zoologica Scripta 29: 319–345.

Die Familie der Goldwespen

Bellmann, H. (1995): Bienen, Wespen, Ameisen. Hautflügler Mitteleuropas. – Franckh-Kosmos Verlags-GmbH & Co KG (Stuttgart): 335 S.

Wiesbauer, H., Rosa, P. & Zettel, H. (2020): Die Goldwespen Mitteleuropas. Biologie, Lebensräume, Artenporträts. – Verlag Eugen Ulmer (Stuttgart): 256 S.

Die Ordnung der Schnabelkerfe

Deckert, J. & Wachmann, E. (2020): Die Wanzen Deutschlands. – Quelle & Meyer (Wiebelsheim): 720 S.

Klausnitzer, Bernhard (2003): Entomofauna Germanica 6. Verzeichnis der Protura (B. Balkenhol & A. Szeptycki), Collembola (H.-J. Schulz, G. Bretfeld & B. Zimdars), Diplura (E. Christian), Ephemeroptera (A. Haybach & P. Malzacher), Blattoptera (H. Bohn), Psocoptera (Ch. Lienhard), Phthiraptera (E. Mey), Auchenorrhyncha (H. Nickel & R. Remane), Psylloidea (D. Burckhardt & P. Lauterer), Aleyrodoidea (R. Bährmann), Aphidina (Th. Thieme & H. Eggers-Schumacher), Coccina (H. Schmutterer), Heteroptera (H.-J. Hoffmann & A. Melber), Strepsiptera (H. Pohl & J. Oehlke), Raphidioptera (C. Saure), Megaloptera (C. Saure), Neuroptera (C. Saure), Siphonaptera (Ch. Kutzscher & D. Striese) und Mecoptera (C. Saure) Deutschlands. – Entomologische Nachrichten und Berichte, Beiheft 8: 1–344.

Nickel, H., Achtziger, R., Biedermann, R., Bückle, C., Deutschmann, U., Niedringhaus, R., Remane, R., Walter, S. & Witsack, W. (2016): Rote Liste und Gesamtartenliste der Zikaden (Hemiptera: Auchenorrhyncha) Deutschlands. – In: Gruttke, H., Balzer, S., Binot-Hafke, M., Haupt, H., Hofbauer, N., Ludwig, G., Matzke-Hajek, G. & Ries, M. (Hrsg.): Rote Liste gefährdeter Tiere, Pflanzen und Pilze Deutschlands. Band 4: Wirbellose Tiere (Teil 2). – Naturschutz und Biologische Vielfalt 70 (4): 249–298.

Die Ordnung der Libellen

Bybee, S. M., Kaihileipihamekeola Johnson, K., Gering, E. J., Whiting, M. F. & Crandall, K. A. (2012): All the better to see you with: a review of odonate color vision with transcriptomic insight into the odonate eye. – Organisms Diversity & Evolution 12: 241–250.

Carle, F. L., Kjer, K. M. & May, M. L. (2008): Evolution of Odonata, with Special Reference to Coenagrionoidea (Zygoptera). – Arthropod Systematics & Phylogeny 66(1): 37–44.

Carpenter, F. M. (1943): Studies on Carboniferous insects from Commentry, France; Part I. Introduction and families Protagriidae, Meganeuridae, and Campylopteridae. – Bulletin of the Geological Society of America 54: 537–554.

Ott, J., Conze, K.-J., Günther, A., Lohr, M., Mauersberger, R., Roland, H.-J. & Suhling, F. (2021): Rote Liste und Gesamtartenliste der Libellen (Odonata) Deutschlands. – In: Ries, M.; Balzer, S.; Gruttke, H.; Haupt, H.; Hofbauer, N.; Ludwig, G. & Matzke-Hajek, G. (Red.): Rote Liste gefährdeter Tiere, Pflanzen und Pilze Deutschlands, Band 5: Wirbellose Tiere (Teil 3). – Naturschutz und Biologische Vielfalt 70 (5): 659–679.

Wildermuth, H. & Martens, A. (2019): Die Libellen Europas. Alle Arten von den Azoren bis zum Ural im Porträt. – Quelle & Meyer: 960 S.

Die Familie der Florfliegen

Gruppe, A., Potel, S., Schmitz, O., Tröger, E.-J., Weihrauch, F. & Werno, A. (2021): Provisorische Rote Liste und Gesamtartenliste der Netzflügler-artigen (Kamelhalsfliegen, Schlammfliegen und Netzflügler im engeren Sinn oder Hafte; Neuropterida: Raphidioptera, Megaloptera, Neuroptera) Deutschlands. – In: Ries, M. Balzer, S., Gruttke, H., Haupt, H., Hofbauer, N., Ludwig, G. & Matzke-Hajek, G. (Hrsg.): Rote Liste gefährdeter Tiere, Pflanzen und Pilze Deutschlands, Band 5: Wirbellose Tiere (Teil 3). – Naturschutz und Biologische Vielfalt 70(5): 435–462

Wachmann, E. & Saure, C. (1997): Netzflügler, Schlamm- und Kamelhalsfliegen. Beobachtung, Lebensweise. – NaturBuch Verlag (Augsburg): 160 S.

Conner, W. E. & Corcoran A.J. (2012): Sound strategies: the 65-million-year-old battle between bats and insects. – Annual Review of Entomology 57: 21–39.

Die Familie der Ameisenjungfern

Gepp, J. (2010): Ameisenlöwen und Ameisenjungfern. Die Neue Brehm-Bücherei. Band 589. – Westarp Wissenschaften (Hohenwarsleben): 168 S.

Gruppe, A., Potel, S., Schmitz, O., Tröger, E.-J., Weihrauch, F. & Werno, A. (2021): Provisorische Rote Liste und Gesamtartenliste der Netzflügler-artigen (Kamelhalsfliegen, Schlammfliegen und Netzflügler im engeren Sinn oder Hafte; Neuropterida: Raphidioptera, Megaloptera, Neuroptera) Deutschlands. – In: Ries, M. Balzer, S., Gruttke, H., Haupt, H., Hofbauer, N., Ludwig, G. & Matzke-Hajek, G. (Hrsg.): Rote Liste gefährdeter Tiere, Pflanzen und Pilze Deutschlands. Band 5: Wirbellose Tiere (Teil 3). – Naturschutz und Biologische Vielfalt 70(5): 435–462.

Die Aufnahmetechnik

Nahezu alle Bilder in diesem Buch wurden mit der Focus-Stacking-Methode aufgenommen. Unter dem Mikroskop muss zwischen Glasplättchen präzise fokussiert werden, um die gewünschte Schärfeebene abzubilden. Schärfentiefen von wenigen Mikrometern bei hohen Vergrößerungen sind physikalische Gesetze der Optik. Bei Insekten sind je nach Vergrößerung bis zu 1.000 Schärfeebenen oder Einzelbilder pro Motiv notwendig, um diese dreidimensionalen Objekte scharf abbilden zu können. Dazu wird die Kamera auf einer hochpräzisen Achse im Mikrometerbereich bewegt, um alle Einzelbilder nacheinander aufnehmen zu können. Diese Einzelaufnahmen werden dann mit Hilfe einer speziellen Software miteinander verrechnet bzw. kombiniert. Aus jedem Einzelbild wird nur der scharfe Bereich mittels Kontrastverhältnis in das endgültige Bild übernommen. Für stark vergrößerte Aufnahmen werden jedoch spezielle Optiken benötigt: Makroobjektive mit Vorsatzlinsen, Lupenobjektive, Vergrößerungslinsen oder Mikroskopobjektive kommen hier zum Einsatz. Die Adaption dieser Objektive an eine handelsübliche Digitalkamera erfordert oft kreative Lösungen. Balgenvorrichtungen für einen flexiblen Abstand zwischen Objektiv und Sensor werden ebenso eingesetzt wie starre Tuben mit exakten Abmessungen, um den inneren Aufbau eines Mikroskops nachzubilden. Motiv, Objektiv und Vergrößerung stellen unterschiedliche Anforderungen, kaum ein Aufbau gleicht dem anderen. Insbesondere die Ausleuchtung der verschiedenen Oberflächen muss für jede Aufnahme neu festgelegt werden. Ob Blitzlicht, LED-Dauerlicht oder spezielle Lichtleiter – dieses offene Geheimnis ist der Schlüssel zu faszinierenden, aber auch künstlerischen Einblicken in die Welt der Insekten. Schließlich leitet sich das Wort „Fotografie“ vom altgriechischen φῶς phōs „Licht“ und -graphie, sinngemäß „Zeichnen mit Licht“, ab. Voraussetzung für solche Aufnahmen sind sehr saubere Motive, welche mit aufwendigen Reinigungsverfahren, zum Teil mit Ultraschall unter Vakuum und verschiedenen Reinigungsflüssigkeiten, präpariert und vorbereitet werden. Von der Reinigung, Präparation und Aufnahme bis zum fertigen Bild können daher zwischen 3 Stunden und mehreren Tagen benötigt werden.

Für dieses Buchprojekt wurden keine Insekten getötet. Es finden sich sowohl Aufnahmen von lebenden als auch von toten Insekten. Alle toten Insekten stammen aus Forschungsprojekten, wissenschaftlichen Sammlungen in Naturkundemuseen, eigenen Totfunden oder Zusendungen von Dritten.

Tafelübersicht

S. 4 S. 5

S. 6 S. 7

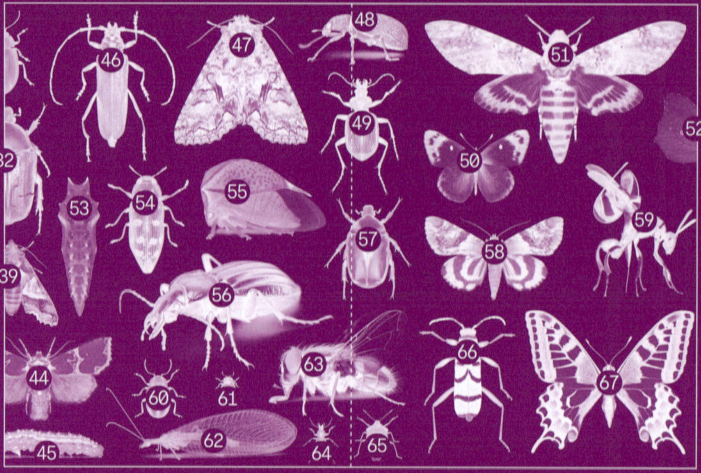

S. 8 S. 9

S. 10 S. 11

S. 12

1 Schwarzer Apollo (*Parnassius mnemosyne*)
2 Larve einer Schmeißfliege (*Phormia regina*)
3 Buchsbaumzünsler (*Cydalima perspectalis*)
4 Sägebock (*Prionus coriarius*)
5 Raupe des Tagpfauenauges (*Aglais io*)
6 Grabkäfer (*Pterostichus anthracinus*)
7 Waffenfliege (*Clitellaria ephippium*)
8 Larve der Keilfleckschwebfliege (*Eristalis pertinax*)
9 Mondvogel (*Phalera bucephala*)
10 Weiße Winden-Federmotte (*Pterophorus pentadactyla*)
11 Buchen-Streckfuß (*Calliteara pudibunda*)
12 Kleiner Eichenbock (*Cerambyx scopolii*)
13 Schwarzer Schneckenjäger (*Phosphuga atrata*)
14 Trockenrasen-Dickleibspanner (*Lycia zonaria*)
15 Raupe des Buchen-Streckfußes (*Calliteara pudibunda*)
16 Hirschkäfer (*Lucanus cervus*)
17 Baum-Weißling (*Aporia crataegi*)
18 Harlekinbär (*Utetheisa pulchella*)
19 Puppe des Großen Kohlweißlings (*Pieris brassicae*)
20 Balkenschröter (*Dorcus parallelipipedus*)
21 Nashornkäfer (*Oryctes nasicornis*)
22 Larve des Violetten Ölkäfers (*Meloe violaceus*)
23 Große Holzbiene (*Xylocopa violacea*)
24 Alpenbock (*Rosalia alpina*)
25 Hauhechel-Bläuling (*Polyommatus icarus*)
26 Blaue Fichtenholzwespe (*Sirex noctilio*)
27 Grüner Sauerampferkäfer (*Gastrophysa viridula*)
28 Stierkäfer (*Typhaeus thyphoeus*)
29 Erzfarbener Erlenblattkäfer (*Plagiosterna aenea*)
30 Grosse Holzbiene (*Xylocopa violacea*)
31 Flohkäfer (*Altica* sp.)
32 Goldglänzender Rosenkäfer (*Cetonia aurata*)
33 Schwarzer Moderkäfer (*Ocypus olens*)
34 Frühlingsmistkäfer (*Trypocopris vernalis*)
35 Waldbock (*Spondylis buprestoides*)
36 Achtpunktiger Kiefernprachtkäfer (*Buprestis octoguttata*)
37 Blaugrüne Baumwanze (*Zicrona caerulea*)
38 Blauvioletter Scheibenbock (*Callidium violaceum*)
39 Achateule (*Phlogophora meticulosa*)
40 Großer Eisvogel (*Limenitis populi*)
41 Violetter Ölkäfer (*Meloe violaceus*)
42 Blaue Schmeißfliege (*Calliphora vicina*)
43 Violetter Ölkäfer (*Meloe violaceus*)
44 Malachiteule (*Staurophora celsia*)
45 Raupe des Buchsbaumzünslers (*Cydalima perspectalis*)
46 Moschusbock (*Aromia moschata*)
47 Meldeneule (*Trachea atriplicis*)
48 Seidiger Glanzrüssler (*Polydrusus formosus*)
49 Großer Puppenräuber (*Calosoma sycophanta*)
50 Goldene Acht (*Colias hyale*)
51 Totenkopfschwärmer (*Acherontia atropos*)
52 Zitronenfalter (*Gonepteryx rhamni*)
53 Puppe des Tagpfauenauges (*Aglais io*)
54 Südlicher Wacholderprachtkäfer (*Palmar festiva*)
55 Büffelzikade (*Stictocephala bisonia*)
56 Goldglänzender Laufkäfer (*Carabus auronitens*)
57 Großer Rosenkäfer (*Protaetia speciosissima*)
58 Gelbes Ordensband (*Catocala fulminea*)
59 Falten-Erzwespe (*Leucospis dorsigera*)
60 Goldglänzender Blattkäfer (*Chrysolina fastuosa*)
61 Erzfarbender Erlenblattkäfer (*Plagiosterna aenea*)
62 Grüne Florfliege (*Chrysoperla carnea* s. l.)
63 Goldfliege (*Lucilia* sp.)
64 Hügel-Laufkäfer (*Carabus arvensis*)
65 Grüne Stinkwanze (*Palomena prasina*)
66 Echter Widderbock (*Clytus arietis*)
67 Schwalbenschwanz (*Papilio machaon*)
68 Südöstlicher Pinselkäfer (*Trichius sexualis*)
69 Schwarzhörniger Totengräber (*Nicrophorus vespilloides*)
70 Larve des Asiatischen Marienkäfers (*Harmonia axyridis*)
71 Kaisermantel (*Argynnis paphia*)
72 Frühe Großstirnschwebfliege (*Scaeva selenitica*)
73 Hornissenschwebfliege (*Volucella zonaria*)
74 Raupenfliege (*Leskia aurea*)
75 Nagelfleck (*Aglia tau*)
76 Nördliche Fruchtwanze (*Carpocoris fuscispinus*)
77 Lilagold-Feuerfalter (*Lycaena hippothoe*)
78 Zottiger Bienenkäfer (*Trichodes alvearius*)
79 Haus-Feldwespe (*Polistes dominula*)
80 Wespenfächerkäfer (*Metoecus paradoxus*)
81 Kleines Nachtpfauenauge (*Saturnia pavonia*)
82 Larve des Fliegenhafts (*Cloeon dipterum*)
83 Amerikanische Kiefernwanze (*Leptoglossus occidentalis*)
84 Brombeer-Perlmuttfalter (*Brenthis daphne*)
85 Admiral (*Vanessa atalanta*)
86 Osterluzeifalter (*Zerynthia polyxena*)
87 Dolden-Kurzrüsseldickkopffliege (*Abrachyglossum capitatum*)
88 Wald-Ohrwurm (*Chelidurella acanthopygia*)
89 Hornisse (*Vespa crabro*)
90 Totes Blatt (*Drepanepteryx phalaenoides*)
91 Gemeiner Rückenschwimmer (*Notonecta glauca*)
92 Scheufliege (*Suillia variegata*)
93 Großer Fuchs (*Nymphalis polychloros*)
94 Gemeine Blutzikade (*Cercopis vulnerata*)
95 Rothalsige Silphe (*Oiceoptoma thoracicum*)
96 Veränderliches Rotwidderchen (*Zygaena ephialtes*)
97 Feuerwanze (*Pyrrhocoris apterus*)
98 Schönbär (*Callimorpha dominula*)
99 Brauner Bär (*Arctia caja*)
100 Rotes Ordensband (*Catocala nupta*)
101 Blutroter Schnellkäfer (*Ampedus sanguineus*)
102 Kleiner Weinschwärmer (*Deilephila porcellus*)
103 Streifenwanze (*Graphosoma italicum*)
104 Scharlachroter Feuerkäfer (*Pyrochroa coccinea*)
105 Tagpfauenauge (*Aglais io*)
106 Ameisenbuntkäfer (*Thanasimus formicarius*)
107 Jakobskrautbär (*Tyria jacobaeae*)
108 Spanische Flagge (*Euplagia quadripunctaria*)

Die Autoren

❶ Thorben Danke

aus der Nähe von Stuttgart ist seit 2016 als autodidaktischer Fotograf aktiv.
Er hat sich auf die Makro- und Mikrofotografie heimischer Insekten spezialisiert. In Ausstellungen bringt er Insekten auf Augenhöhe mit den Besuchern und fördert so den Zugang zur heimischen Fauna für Groß und Klein. Für dieses Buch war es ihm ein Anliegen, ausschließlich die Kunst der Fotografie einzusetzen. Dabei besteht jedes Bild aus bis zu mehreren Hundert Einzelaufnahmen, die mit einer speziellen Technik kombiniert werden. Für dieses Projekt wurden daher 52.435 Einzelbilder angefertigt. Illustrationen, Zeichnungen oder computergenerierte Bilder finden sich in diesem Buch nicht, sondern nur die fotografische Darstellung unserer Welt in ihrer realitätsnahesten Ausdrucksform. Nikon wählte sein Bild einer schlafenden Goldwespe unter die Top 100 des weltweiten Mikrofotografie-Wettbewerbs, National Geographic kürte es zu einem der Wissenschaftsfotos des Jahres. Darauf entstand „Ganz nah dran", ein technisches Handbuch für den Einstieg in die Makrofotografie. Mit eigens entwickelter Soft- und Hardware gelang es ihm, hochauflösende, bewegte Rotationsbewegungen von Insekten zu realisieren. Seit 2023 werden diese bewegten 3D-Stacks in Steven Spielbergs Serie „Leben auf unserem Planeten" auf Netflix gezeigt, eine Fortsetzung der preisgekrönten Serie „Unser Planet".

❷ Dominik Eulberg

ist ein Grenzgänger, der auf ganz unterschiedliche Weise für das Thema Biodiversität begeistert. Zum einen ist er seit über 30 Jahren als international erfolgreicher Musiker unterwegs und nutzt dabei die Bühnen, die ihm geboten werden. Seine letzten beiden Alben etwa, die sich thematisch mit der Vielfalt der heimischen Natur beschäftigen, schafften es in die Deutschen Charts. Für sein musikalisches Schaffen erhielt er zahlreiche Auszeichnungen, etwa den Preis der Deutschen Schallplattenkritik, wurde von Fachmagazinen zum Produzenten des Jahres gewählt und belegt regelmäßig Spitzenplätze in der Kategorie DJ. Zum anderen ist er Sachbuchautor. Sein Werk „Mikroorgasmen Überall", erschienen im Eichborn-Verlag, wurde zum „Wissensbuch des Jahres" gekürt. Er entwickelt Natur-Sensibilisierungsspiele, z.B. das multimediale Vogelquartett „Fliegende Edelsteine", ist Botschafter vieler Naturschutzorganisationen, Gastwissenschaftler am Museum für Naturkunde Berlin und regelmäßig in Fernsehbeiträgen und anderen Medien zu sehen. Bei „Spektrum der Wissenschaft" veröffentlicht er alle zwei Wochen seine Kolumne „Eulbergs Tönende Tierwelt". Die Wespenart *Ceraphron eulbergi*, erhielt ihm zu Ehren ihren Namen.

❸ Thomas Hörren

aus dem Ruhrgebiet ist Insektenforscher und Vorsitzender des Entomologischen Vereins Krefeld. Mit der „Krefelder Studie" löste dieser weltweit Debatten um das Insekten- und Artensterben aus. Thomas forscht international zu Insektendiversität, dem Verlust von biologischer Vielfalt sowie den vielfältigen Schwierigkeiten, die wir ganzen Lebensräumen bereiten.
Ein Schwerpunkt liegt dabei in Schutzgebieten und naturnahen Landschaften. Wissenschaft endet bei ihm jedoch nicht mit der Veröffentlichung der Erkenntnisse. Seit vielen Jahren kommuniziert er die Inhalte seiner Forschung an eine breite Öffentlichkeit und klärt zu hiesiger Biodiversität und ihrem Verlust auf. Ob in Dokumentationen, Zeitungsinterviews, Podcasts oder in den Sozialen Medien, überall nimmt er sich viel Zeit für die ihm so wichtige Vermittlung dieser Themen. Zudem bildet er seit Jahren bundesweit Artenkenner:innen aus und ist Autor verschiedener Lernangebote rund um Artenkenntnis, Biodiversitätsforschung und Naturschutz. Für seine Forschung und sein gesellschaftliches Engagement erhielt er zahlreiche Preise als Person und Teil des Krefelder Forschungsteams, darunter u. a. der Deutsche Biodiversitätspreis und der Deutsche Nachhaltigkeitspreis.

Wir möchten uns bei allen bedanken, die uns bei diesem Projekt so toll unterstützt haben!

Danke für die emotionale Unterstützung an:
Nicole Danke mit Lenny, Lilly und Lucy
Natalia Eulberg und ihre Raupen
Sarah Lück und ihre Geduld

Danke für die entomologische Unterstützung an:
Aron Bellersheim
Daniele Birtele
Dr. Pierfilippo Cerretti
Julian Enß
Natalia Eulberg
Giuseppe Lo Giudice
Dr. Alessia Guggisberg
Dr. Maura Haas-Renninger
Jan Haft
Dr. Petr Janšta
Marion Jaros
Santiago Jaume-Schinkel
Dr. Toni Kasiske
Dr. Valery Korneyev
Prof. Dr. Lars Krogmann
Dr. Anders Lindström
Jérôme Morinière
Marina Moser
Prof. Dr. Donald Quicke
Dr. Hossein Rajaei
Dr. Julia Schmack
Olga Sivell
Manuel Staggl
Dr. Daniel Whitmore
Das Naturkundemuseum Stuttgart
Dem Entomologischen Verein Krefeld
Alle die uns so emsig Totfunde zugesendet haben

Danke für die fototechnische Unterstützung an:
John-Oliver Dum
Natalia Eulberg
Martin Grahl
Oliver Meckes
Johannes Rusch
Mark Schäfer
Kurt Wirz
Wartesaal Besigheim e.V.

Danke für wertvolle Leserhinweise:
Dr. Maja Jlić
Elias de Bree
Phillipp Sannert
Thomas Trinkner

Als kleines Dankeschön an Euch, liebe Leserinnen und Leser, hier noch ein kleines Musikvideo von uns mit vielen bekannten Gesichtern aus dem Buch: Kosmos-Plus App Nr. 333

Impressum

Bildnachweis

Dies ist ein etwas anderer Bildnachweis, denn dieses Buch hat ganz besondere Fotos. Die Insektenfotos bestehen häufig aus verschiedenen Einzelfotos, insgesamt wurden für das Buch 52.435 Einzelfotos von Insekten angefertigt alle von Thorben Danke. Das Autorenfoto auf Seite 207 stammt von Natalia Luzenko, das Foto von Antje Boetius auf Seite 16 stammt von Esther Horvat und das Foto von Johannes Vogel, ebenfalls auf Seite 16, von Pablo Castagnola.

Unser gesamtes lieferbares Programm finden Sie unter **kosmos.de**.
Über Neuigkeiten informieren Sie regelmäßig unsere Newsletter, einfach anmelden unter **kosmos.de/newsletter**.

MIX
Papier | Fördert gute Waldnutzung
FSC® C014138

Impressum

Umschlaggestaltung von Götz Gramlich, unter Verwendung eines Farbfotos von Thorben Danke, das Foto zeigt einen Schwarzfleckigen Zangenbock (*Rhagium mordax*).

Alle Angaben in diesem Buch erfolgen nach bestem Wissen und Gewissen. Sorgfalt bei der Umsetzung ist indes geboten. Verlag und Autor übernehmen keinerlei Haftung für Personen-, Sach- oder Vermögensschäden, die aus der Anwendung der vorgestellten Materialien und Methoden entstehen können.
Dabei müssen rechtliche Bestimmungen und Vorschriften berücksichtigt und eingehalten werden

Gedruckt auf chlorfrei gebleichtem Papier

ISBN 978-3-440-17900-0
Redaktion: Ben Boden
Gestaltung und Satz: gggrafik design, (Götz Gramlich, Joshua Kaiss)
Produktion: Markus Schärtlein
Druck und Bindung: Finidr, s.r.o., Český Těšín
Printed in Europe / Imprimé en Europe

MIT DER KOSMOS-PLUS-APP GANZ EINFACH DIE ZUSATZ-INHALTE NUTZEN.

UND SO GEHT'S:

1. Besuchen Sie im Internet den App Store oder Google Play und laden Sie sich die kostenlose KOSMOS-PLUS-APP auf Ihr Mobilgerät.
2. Öffnen Sie die App, gehen Sie zum Buch „Von Angesicht zu Angesicht" und schalten Sie mit dem Code **Rhagium** die Inhalte frei. Nun können Sie die Zusatzinhalte laden.
3. Geben Sie die im Buch angegebenen dreistelligen Codes 999 in der App ein – nun können Sie die Zusatzinhalte nutzen.

Weitere Informationen finden Sie unter **plus.kosmos.de**